21 世纪高等教育
计算机规划教材

C语言
程序设计

这样学能通过等考
二级 C 语言

慕课版

◆ 刘琨 段再超 赵冠哲 霍利岭 吕晓晴 编著

◆ 黄文艳 主审

U0233729

人民邮电出版社

北京

图书在版编目（CIP）数据

C语言程序设计：这样学能通过等考二级C语言：慕课版 / 刘琨等编著. -- 北京：人民邮电出版社，2020.9

21世纪高等教育计算机规划教材

ISBN 978-7-115-54349-3

Ⅰ. ①C… Ⅱ. ①刘… Ⅲ. ①C语言－程序设计－高等学校－教材 Ⅳ. ①TP312.8

中国版本图书馆CIP数据核字(2020)第114687号

内 容 提 要

本书以初学者为主要对象，全面介绍了 C 语言程序设计的相关技术。在内容编排上由浅入深，让读者循序渐进地掌握 C 语言编程；在内容讲解上结合丰富的图解和形象的比喻，帮助读者理解"晦涩难懂"的技术；在内容形式上附有大量的注意、说明等栏目，夯实读者理论技术，丰富管理与开发经验。

本书共分 16 章，其中前 12 章为基础部分，主要包括为什么要学 C 语言，最简单的 C 语言程序，什么是程序，C 语言基础——数据类型、常量及变量，选择结构程序设计，循环结构程序设计，同一类型多个元素的集合——数组、写程序就是写函数、C 语言特产——指针、编译预处理、结构体和文件等内容；后 4 章为提高篇，核心是"以考促学"，主要包括全国计算机等级考试（NCRE）简介、考试流程、通过真题了解评分标准及注意事项和公共基础知识等内容。本书中的例题和课后习题包含了许多全国计算机等级考试二级真题，并且符合二级考试大纲要求，开发环境使用 Visual C++ 2010 Express。

本书可作为高等学校各专业 C 语言程序设计课程教材，对计算机爱好者、中学生、职高中专学生及各类自学人员也有参考价值。

◆ 编　著　刘　琨　段再超　赵冠哲　霍利岭　吕晓晴

　主　审　黄文艳

　责任编辑　刘　博

　责任印制　王　郁　陈　犇

◆ 人民邮电出版社出版发行　　北京市丰台区成寿寺路 11 号

　邮编　100164　电子邮件　315@ptpress.com.cn

　网址　https://www.ptpress.com.cn

　北京七彩京通数码快印有限公司印刷

◆ 开本：787×1092　1/16

　印张：16.25　　　　　　2020 年 9 月第 1 版

　字数：373 千字　　　　2024 年 9 月北京第 8 次印刷

定价：49.80 元

读者服务热线：(010)81055256　印装质量热线：(010)81055316
反盗版热线：(010)81055315
广告经营许可证：京东市监广登字 20170147 号

前　言

C 语言是一门历史悠久、博大精深的程序设计语言。它对计算机技术的发展起到了极其重要的促进作用，而且这种促进作用一直在持续并将继续持续下去。它从产生之时就肩负了很多重要使命，如开发操作系统、开发编译器、开发驱动程序……它可深可浅，浅到你可以用几周的时间掌握它的基本概念和功能，深到可以解决计算机中的大部分问题。

C 语言几乎是每一个程序设计人员的必学语言。但在学习之初，它往往给读者以神秘而艰难的感觉。下面是 C 语言初学者的一些典型感受。

- 术语太难理解。C 语言对没有基础的人来说比较抽象，因为一些专业术语对初学者来说不好理解，更别说写程序了。

- 看不到界面。C 语言程序的编写是没有界面的，导致初学者很难理解写出来的程序是什么样子的，以及有什么效果。

但实际上，C 语言并非想象的那么难。它的很多优点让它一直保持着魅力，并且在程序设计语言中"永葆青春"。总结起来，主要体现在以下几个方面。

- C 语言是基础语言，容易理解，对初学者来说没有太大的限制。

- C 语言很灵活，一个功能往往可以通过多种方式实现。

- C 语言虽然没有界面，但是 C 语言程序语句看起来很直观，容易理解。

- C 语言执行效率高，更多地执行了计算机底层的程序设计工作。

- 掌握了 C 语言，再学习其他程序设计语言往往比较容易。

本书将用通俗易懂的方式，详细地介绍 C 语言的相关知识，让 C 语言初学者能在较短的时间内快速掌握 C 语言程序设计的基本思维和基本知识。本书和其他 C 语言图书的讲解方式有所不同。本书讲解时从实际出发，对 C 语言中的很多概念用生活中的例子进行类比，语言上力求幽默直白、避免晦涩难懂，讲解形式上图文并茂、由浅入深、抽丝剥茧。通过阅读本书，读者会少走很多弯路，会感觉 C 语言其实没有想象的那么难。本书主要的特点在于以下几个方面。

- 全程配套视频讲解，手把手教学。笔者录制的教学视频可在人民邮电出版社自主开发的在线教育平台——人邮学院（https://www.rymooc.com）搜索本课程进行观看，或者在 51CTO 学院搜索刘琨的主页亦可找到本书配套免费视频。读者在学习之前，可以先看视频讲解，然后对照书中的内容进行模仿练习，相信能快速提高学习效率。

- 本书包含大量示例，几乎和"实例大全"类图书同数量级。其中有 106 个正文示例，189 道课后习题；在配套的在线判题系统（http://oj.huihua.ink）中还包含二级选择真题，二级程序填空、修改和设计真题，公共基础真题（数据结构、程序设计基础、软件工程基础和数据库）。

- 本书根据需要在文中安排了很多"注意"小板块，让读者可以在学习过程中更轻松地理解相关知识点及概念，更快地掌握个别技术的应用技巧。

- 为了方便给读者答疑，笔者特提供 QQ 群支持，并且随时在线与读者互动，让大家在互学互帮中形成一个良好的学习编程的氛围。本书 QQ 群是 623793491 或 1083109364（51CTO 学院官方交流群）。

- 本书配套数字资源丰富。除了视频之外，还包括源程序、PPT、授课任务书、教学大纲、期中期末考试样卷、项目案例、思维导图和数十本电子书。这些资源可以在人邮学院或 QQ 群中进行下载。

除笔者外，其他参与本书编写的人员有黄文艳、段再超、赵冠哲、魏娜娣、霍利岭、吕晓晴、郭晓芸、陈雪、郑亚男、张策、郝艳艳、杜文霞、王彬、刘士龙、李晓超、边玲、薛梅、宋遥、李红亮等。

在此特别感谢我的学生对我的支持，这是我克服困难的原动力。

由于笔者水平有限，书中难免存在疏漏之处，恳请读者批评指正。笔者的邮箱地址为 71873467@qq.com。

编者

2020 年 8 月

目　录

第1章
为什么要学 C 语言

"为什么要学 C 语言？"对理工科学生来说，这个问题的答案可能很简单，因为这是一门必修课。而对程序员来说，选择一门编程语言，在某种程度上，对职业生涯会产生重大的影响，所以必须慎之又慎。那么，为什么要选择一门诞生了将近半个世纪的语言？本章不是老生常谈，如"C 语言是编程的基础""学好 C 语言，走遍天下都不怕"等，而是将力争详尽而又有理地回答这个问题。

1.1　这门语言值得一学吗

读者在学习本书的过程中，也许会问，这门语言值得一学吗？每个人都有自己的主观看法，因此用客观的数据说话比较有说服力。图 1-1 所示的是 TIOBE（编程语言排行榜）在 2019 年 11 月公布的十大最流行编程语言的流行趋势图，可以看到，C 语言始终处于前两位且大有再次夺回第一位的势头。

这门语言值得
一学吗

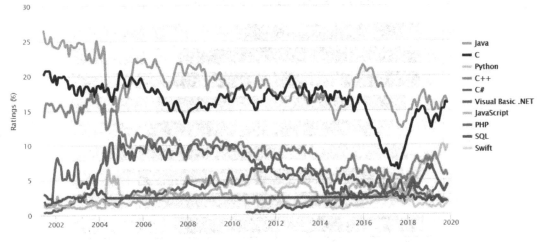

图 1-1　2019 年 11 月公布的十大最流行编程语言的流行趋势图

图 1-1 中列举的是当今最受欢迎的 10 种编程语言，除 C 语言外的 9 种语言中，有 7 种都直接使用、间接引用或部分借鉴了 C 语言的语法，只有 Visual Basic 和 Python 的语法里找不到 C 语言的影子。有这样的影响力，C 语言受欢迎也就在情理之中了。

1.2　C 语言教给我们的事

现在，还需要使用 C 语言的地方大概只限于下面 4 个领域。

第一，C 语言主要的用途还是底层编程，例如，它仍然是编写操作系统的不二之选，它为操作系统而生，能更直接地与计算机底层打交道，具有精巧、灵活、高效等优点。除了操作系统之外，还有编译器、JVM、驱动、各种嵌入式软件、固件等。

C 语言教给
我们的事

第二，在对程序的运行效率有高要求的地方，例如，现在非常热门的"云计算"领域。云平台作为基础架构，对性能的要求非常高，那么 C 语言就是首选的编程语言了，因为 C 语言是目前执行效率最高的高级语言。

第三，在需要继承或维护已有的 C 语言代码的地方，还需要用到 C 语言。有很多影响深远的软件和程序库最早都是用 C 语言开发的，所以还要继续应用 C 语言来继承或维护。

第四，因为学过 C 语言的人比较多，熟悉 C 语言风格语法的人也很多，所以 C 语言成为思想交流的首选媒介语言。例如，书籍里如果必须要出现程序，较常见的是 C 语言程序；在涉及编程能力考查的笔试、面试中，C 语言通常都是必考的。

坦率地说，C 语言的应用面有些窄，市场的需求量也不大。不过因为真正熟练掌握 C 语言的人数量很少，小于市场需求，所以 C 语言程序员的薪水还是蛮高的。图 1-2 所示的是 CSDN 统计的 2019 年我国各编程语言开发者的收入范围分布。

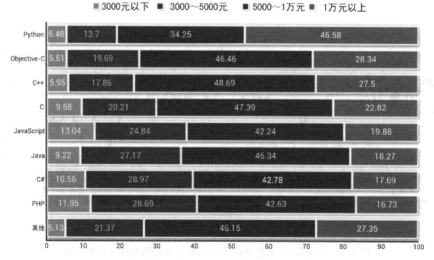

图 1-2　2019 年我国各编程语言开发者的收入范围分布

由图 1-2 可以看出，C 语言程序员的待遇是比较高的，而且这种情况一直很稳定。但对并不想成为开发高手，或者兴趣不在底层开发的人来说，学它能有多大用处呢？如果单纯从"用不上"这个角度得出"学 C 语言没有用"的结论，是有失公允的。即便对计算机及相关专业的人员而言，C 语言的"用处"也不算大。学习 C 语言的意义不在于使用它，而在于它可以让人们了解到很多基本的知识。

这里不妨根据未来的职业需求，把读者分为 3 类：

（1）不需要编程；

（2）需要编程，但不使用 C 语言；

（3）需要编程，且要使用 C 语言。

对于第三类读者，不仅要好好学 C 语言，而且要深入地学。别看学过 C 语言的人很多，但真正会用它的却相当少。

对第二类读者而言，学习 C 语言最大的好处是可以更直接地体会计算机最基本的工作模式和方式。换言之，就是能了解一些计算机底层的原理。这是在其他高级语言中很难体会到的。这些原理虽然也不常直接用到，但它们潜移默化的影响是惊人的，总是能在关键时刻发挥作用。另一个好处是 C 语言很适合作为入门级语言。这并不是 C 语言自身决定的，而是我国庞大的 C 语言教育体系决定的。关于 C 语言的书籍、资料、论坛、习题和教辅系统等都是非常多的，而且都是面向程序设计的初学者。相比之下，其他语言的很多教材是假定读者已经有了一定的编程经验，不介绍或只简单介绍那些通用的基本概念、理论与思维，直接跳到语言自身的特性。而且大多数主流编程语言都是与 C 语言一脉相承的，使得人们从 C 语言入门后再学其他语言并不会感到困难。

C 语言给第一类读者的最大好处对第二、第三类读者同样有效，那就是 C 语言会为我们打开一扇了解计算机的窗户。在几乎做任何事情都离不开计算机的今天，越了解计算机也就意味着越能利用好计算机。

美国卡内基梅隆大学计算机科学系前系主任周以真教授曾发表了一篇著名的文章《计算思维》。文中谈到，"计算机科学的教授应当为大学新生开一门称为'怎么样像计算机科学家一样思维'的课，这门课面向的是所有大学新生，而不仅仅是计算机科学专业的学生"，这是因为"计算思维代表着一种普遍的认识和一类普适技能，每一个人，不仅仅是计算机科学家，都应热心于它的学习和运用"。在我国，C 语言程序设计课在某种程度上肩负了传播计算思维的责任。对不需要编程的学生而言，这也是学习它的最大意义。通过学习编程，了解抽象、递归和复用等计算思维，这样就能在各行各业中更有效地利用计算机工具解决复杂问题。

此外，绝对不应该忽略"二级"的意义。这里的"二级"指的是"全国计算机等级考试二级"，该考试考核计算机基础知识、使用一种高级语言编写程序及上机调试的基本技能。

二级考试可选的语言除了 C 语言之外，还有很多其他编程语言。为什么偏偏要学 C 语言呢？大概也是因为关于它的教学体系比较成熟吧。不管怎样，既然这门课已经开设了，而且有不错的老师带领，那么就好好抓住这个机会吧，别把时间浪费了。以平稳通过二级考试为底线，以建立计算思维为目标，也许一个学期之后，你会发现自己在程序设计方面的天赋，进而在这方面努力，最后成为一名程序开发高手。

1.3　C语言程序"编辑"体验

到目前为止，读者还未见到 C 语言程序的"真面目"。为满足读者的迫切心理，本节让大家见一见 C 语言程序的"长相"。

以下是第一个 C 语言程序的"编辑"体验。

步骤 1：在 D 盘根目录下建立一个名为"chap1"的子文件夹。

步骤 2：在 D:\ chap1 文件夹中，建立一个名为 hello.c 的文件，文件内容如下。

C 语言程序
"编辑"体验

```c
#include <stdio.h>

void main()
{
    printf("Hello World!");
}
```

编辑 C 语言源代码就是做如下工作：

（1）逐个输入字符，如汉字、英文、标点符号或者其他可以用键盘输入的字符；

（2）使用插入、删除、移动、复制、粘贴等方法修改已经输入的字符；

（3）将输入、修改完毕的所有字符保存到硬盘上。

一篇由汉字、英文、标点符号或者其他可以用键盘输入的字符组合的内容被称作文本。能够进行文字编辑的软件被称作编辑器。

通俗地讲，源代码就是程序员输入编写的、符合 C 语言语法规则的文本。一般用扩展名.c 表示其为一个 C 语言源代码文件。源代码文件简称"源文件"，有时候也叫作"源程序"。程序员的主要工作之一就是根据需求编写源代码。

编辑器的功能在很大程度上能够帮助程序员提高工作效率。只要是能输入文字的文本编辑软件都可以作为源代码编辑器，如记事本、Word、Ultra Edit、Edit Plus 等。但是专业程序员一般都采用专业的源代码开发工具。业界有名的开发工具有 Visual C++、Dev-C++和 Visual C++ 2010 Express 等。一个好的源代码编辑器，要求具备关键字着色功能（可以用不同的颜色表示代码的不同部分）、代码跳转功能、代码自动补全功能等。虽然用最普通的记事本软件也能编辑代码，但是却十分不方便。

1.4　开发工具

开发工具

本节将介绍几个比较常用的 C 语言开发工具。

1.4.1　Dev-C++

Dev-C++是 Windows 环境下的一个适合初学者使用的轻量级 C/C++集成开发环境（IDE）。它是一款灵活的软件，遵守 GPL 许可协议分发源代码。它集合了 MinGW 中的 GCC 编译器、GDB 调试器和 AStyle 格式整理器等众多软件。使用 Dev-C++打开 hello.c 文件的界面如图 1-3 所示。

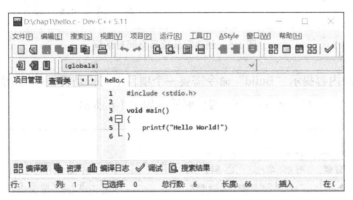

图 1-3　Dev-C++工作界面

图 1-3 中有些字符是红色的，有些是绿色的，有些是黑色的。对程序员来说，这些不同颜色的代码起到了提示的作用。

1.4.2　Visual C++

Visual C++（简称"VC"）是一个功能强大的可视化集成开发工具。自从微软（Microsoft）公司 1993 年推出 Visual C++1.0 后，随着版本的不断更新，Visual C++已经成为程序员的首选开发工具。Visual C++一般可以分为 3 个版本：学习版、专业版和企业版，不同的版本适用于不同类型的应用程序开发。

集成开发环境（IDE）是一个将编辑器、程序编译器、调试工具，以及一些其他建立应用程序的工具集成在一起的，用于开发应用程序的软件系统。使用 Visual C++打开 hello.c 文件的界面如图 1-4 所示。

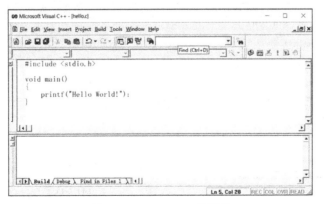

图 1-4　Visual C++工作界面

单击菜单栏中的"Build-Compile hello.c"，弹出的对话框如图 1-5 所示。

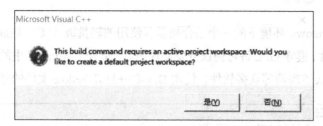

图 1-5　创建默认项目空间对话框

该对话框中的内容提示"Build"命令需要一个项目空间，是否创建一个默认的项目空间，选择"是"即可。执行 Compile 命令后的页面显示如图 1-6 所示。

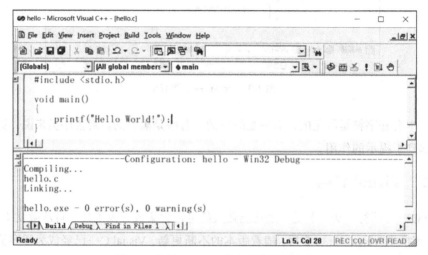

图 1-6　执行 Compile 命令后的页面显示

单击菜单栏中的"Build-Build hello.exe"，创建可执行程序，页面效果如图 1-7 所示。

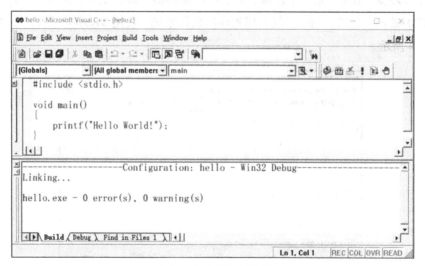

图 1-7　创建可执行程序

1.4.3　Visual C++2010 Express

对要参加全国计算机等级考试二级 C 语言程序设计的同学来说，根据考试大纲，必须安装 Visual C++2010 Express。它属于 Visual Studio 2010 的一个组件，是微软公司的 C++开发工具。下载并安装 Visual C++2010 学习版后，在"开始"菜单中单击"所有程序"选项，在弹出的选项中找到 Microsoft Visual Studio 2010 Express 文件夹，单击打开后，选择 Microsoft Visual C++2010 Express，如图 1-8 所示，即可启动 Visual C++2010 Express。

图 1-8　打开 Visual C++2010 Express 示意图

打开 Visual C++2010 Express 后，进入主界面，如图 1-9 所示。

图 1-9　Visual C++2010 Express 主界面

关于 Visual C++ 2010 Express 的基本操作，请查看附录 C。

读者对上述步骤中的许多概念可能还比较陌生，以至于无法真正理解上述步骤的真实作用，这无关紧要。下一节将详细介绍从源文件到可执行文件的开发流程。

1.5　C 语言程序的开发流程

C 语言程序的
开发流程

前面我们体验了 C 语言程序的编辑，那么读者有没有想过，如何产生一个.exe 的可执行文件呢？由 C 语言源代码到可执行程序的开发流程如图 1-10 所示。

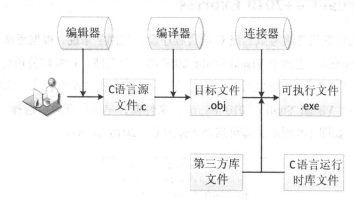

图 1-10　开发程序的流程

1.5.1　编译 C 语言源代码

编译是把 C 语言源代码翻译成用二进制指令表示的目标文件。注意，这里的目标文件与机器语言还有一些区别，并不是真正的机器语言，所以不能被计算机直接运行。编译就是翻译。

> 读者要注意区分编辑和编译的概念。虽然只有一字之差，意义却大不相同。编辑是指对文本进行修改、插入、删除等操作；而编译却是指将编辑好的源代码翻译成目标文件。

编译过程由 C 语言编译系统提供的编译程序完成。编译程序简称"编译器"，编译程序运行后，自动对源程序进行句法和语法检查，当发现错误时，就将错误的类型和所在的位置显示出来，以帮助用户修改源程序中的错误。用户可以再利用编辑器对源程序进行修改。修改好后，重新进行编译，直到编译通过为止。如果未发现有句法和语法方面的错误，就自动形成目标代码，并对目标代码进行优化后生成目标文件。单击菜单栏中的"Build-Compile hello.c"，就是执行编译操作，其工作过程输出如下。

```
--------------------Configuration: hello - Win32 Debug--------------------
Compiling...
hello.c

hello.obj - 0 error(s), 0 warning(s)
```

目标文件的扩展名是.obj。它是目标程序的文件类型标识。不同的编译系统，或者不同版本的编译程序，它们的启动命令是不同的，生成的目标文件也不相同，扩展名有时候也不一定相同，当然格式也不相同，但是其作用相同。

一个 C 语言源文件编译后就会产生一个目标文件与之对应。一般不会出现多个源文件对应一个目标文件的情况。进行软件开发涉及的源文件的个数，不会像 C 语言教学这样简单到只有一个源文件，而是有几十、上百，甚至成千上万个。所以大型软件的开发一般通过工程文件的方式来管理源文件。

1.5.2　连接目标文件

多个源文件经编译后产生了对应的多个目标文件，此时还没有将其组合装配成一个可以运行的整体，因此计算机还是不能执行。连接过程是用连接程序将目标文件、第三方库文件、C语言提供的运行时库文件连接装配成一个完整的可执行的目标程序。连接程序简称"连接器"。单击菜单栏中的"Build-Build hello.exe"，就是执行连接操作，其工作过程输出如下。

```
--------------------Configuration: hello - Win32 Debug--------------------
Linking...

hello.exe - 0 error(s), 0 warning(s)
```

可执行文件的扩展名为.exe，是可执行程序的文件类型标识。有的 C 语言编译系统把编译和连接放在一个命令文件中，用一条命令即可完成编译和连接任务，减少了操作步骤。

1.5.3　编译连接过程示例

有时候为了方便简述，将编译和连接这两个步骤统一用"编译"这个词语代替，读者应该清楚实际上是经过了两步。在 Visual C++编程环境里，当用户下达"Build"命令后，开发环境就开始编译和连接工作。对于本章的示例文件 hello.c，当源代码中没有错误时，其工作过程输出如下。

```
--------------------Configuration: hello - Win32 Debug--------------------
Compiling...
hello.c
Linking...

hello.exe - 0 error(s), 0 warning(s)
```

从这个 Build 的过程中，明显能看出经历了"Compiling..."（编译）、"Linking..."（连接）两步。最后结果是"0 error(s), 0 warning(s)"，即没有错误也没有警告。

如果源代码中有错误，在编译过程中就会提示用户。此时由于没有通过编译，也就没有目标文件，所以连接也就不用进行了。一个源代码有错误造成编译不通过的示例如下。

```
--------------------Configuration: hello - Win32 Debug--------------------
Compiling...
hello.c
d:\chap1\hello.c(6) : error C2143: syntax error : missing ';' before '}'
Error executing cl.exe.

hello.exe - 1 error(s), 0 warning(s)
```

"d:\chap1\hello.c(6) : error C2143: syntax error : missing ';' before '}'"这行表示 hello.c 文件第六行出现错误，错误代码是 C2143，具体错误是语法错误。双击错误提示可将光标定位到错误行处。

1.5.4　运行程序

运行程序是指将可执行的目标程序投入运行，以获取程序运行的结果。如果程序运行的结果不正确，可重新回到第一步，对程序进行编辑修改、编译和运行。与编译、连接不同的是，运行程序可以脱离开发环境。因为它是对一个可执行程序进行操作，与 C 语言本身已经没有联系，所以既可以在开发环境下运行，也可以直接在操作系统下运行。

1.6 习题

1. 以下程序正确的是（　　　）。

A.

```
#include <stdio.h>
{
    printf("A\n");
}
```

B.

```
void main()
{
    printf("A\n");
}
```

C.

```
#include<stdio.h>
void main()
{
    printf("A\n");
}
```

2. 补全下面的程序，使其完整。

```
   ①   <stdio.h>
void   ②
{
    int a=1;
    printf("%d\n",a);
}
```

3. C 语言源文件的扩展名为_____；C 语言目标代码文件的扩展名为_____；C 语言可执行文件的扩展名为_____。

第2章
最简单的 C 语言程序

第 1 章从 C 语言程序的外围环境讲起，介绍了开发工具和编译 C 语言程序的整个过程，但没有介绍 C 语言程序具体的代码内容。本章的重点就是解释第 1 章的 Hello World 源代码。

2.1　C 语言程序的构成

C 语言程序的构成

先来回顾一下第 1 章的 hello.c 文件中的代码，如下所示。

```
#include <stdio.h>          /*包含该头文件的目的是使用函数 printf()*/
                            /*空行，主要是为了分隔，编译器忽略*/
void main()                 /*主函数，入口点*/
{                           /*函数开始*/
    printf("Hello World!");  /*输出字符串*/
    getchar();              /*等待用户按 Enter 键*/
}                           /*函数结束*/
```

简单的几行代码就创建了一个可运行的程序，"代码虽小，但五脏俱全"。纵观整个代码，可以总结出如下特点。

（1）代码由单词、符号、空白组成。单词以英文单词为主。有的单词就是纯正的英语单词，如 main、void、include；有的则不是，如 getchar、printf。单词一般都用小写。代码中的标点符号并不是随意输入的，每个符号在 C 语言中都有特定的含义。代码中出现的符号有 "#" "<>" "()" "\" "/*" "*/" "{}" ";" """"。单词与单词之间用空白分隔，空白可以是空格，也可以是 tab 制表符。空白的个数没有限制。

（2）如同阅读小说一样，C 语言源代码也是从上往下阅读的，也就是说 C 语言源代码的先后顺序是有讲究的。行与行之间可以有空白行，空白的行数是没有限制的。有的行顶格书写，有的行前面有几个空格，这种形式称为"缩进"。如何缩进也是有讲究的。

（3）并没有专门的标志表示文件从哪里开始，也没有标志表示文件到哪里结束。从第一个字符开始，文件就开始了；到最后一个字符结束，文件就结束了。

2.2 C 语言程序的注释

2.1 节中的代码中出现最多的是"/*"和"*/"包裹起来的中文语句，这些是注释。注释是用来帮助程序员阅读源代码和理解源代码的。编译器在编译源代码的时候，在目标代码生成以前，会把注释剔除掉，然后再进行编译。当然编译器是不会修改源文件的，这一切是在内存中完成的。由于对注释部分忽略不处理，就如同没有这些字符一样，所以注释不会增加编译后的程序的可执行代码长度，对程序运行不起任何作用。

C 语言程序的注释

对于注释，有以下几点需要说明。

（1）以"//"开始的单行注释。这种注释可以单独占一行，注释范围从"//"开始，以换行符结束，不能跨行。如果注释内容在一行内写不完，可以用多个单行注释。

（2）以"/*"开始、以"*/"结束的块式注释。这种注释可以包含多行内容，编译器将"/*"与"*/"之间的任何文字，如代码、标点符号、制表符、换行等都当作注释不予处理，如下所示。

```
/*这段注释里  含有空格*/

/*这段注释里              含有制表符*/

/*这段注释里有换

行*/

/*这

段

注

释

很

长

跨

越

很

多

行

*/
```

（3）注释可以放在任何地方。通常，把注释置于要描述的代码段之前，而将变量的用途注释放在变量定义的后面。

```
/*本变量的用途是记录学生人数*/
int i_numbers;

int i_numbers /*学生人数*/

int x,/*这段注释在代码之中*/y;
```

最后一行注释处于代码 int x 和 y 之间，这也是允许的。

（4）注释和代码一定要同步更新。代码修改而注释不做改变，这样的事情在实际开发过程中经常出现，而这样的情况可能会带来严重的后果。

（5）注意注释的起始和结束对，在"/*""*/"两个字符之间是没有空格的。如果出现了空格，如"/ *""* /"，就不是注释了。

（6）注释内容中不能再出现注释对，以下为错误示例。

```
/*这是一个注释起始。/*又出现一个注释起始*/嵌套的注释结束*/
/*这是一个注释起始。*/再出现一个注释结束*/
```

解决这种嵌套注释的方法，就是在内层"/*"或者"*/"之间添加空格。

2.3　C 语言程序必须有 main 函数

"void main(){...}"是定义 C 语言程序的主函数。函数是可以完成一定功能的程序集合。main 函数是 C 语言程序的起始执行点，每一个 C 语言程序必须有且仅有一个 main 函数，它是由程序员提供的。

C 语言程序必须有
main 函数

main 函数就是 C 语言程序的入口点。无论整个工程有多少个 C 语言源文件，都必须编写且只能编写一个 main 函数。程序从 main 的第一条语句开始执行，然后在 main 函数中按顺序执行其他语句，在这些语句中调用其他函数，从而使整个程序运行起来。main 函数结束了，整个程序也就结束了。由此可见，编写 C 语言程序就是编写 main 函数。

下面简单地说明定义函数的语法。对函数的详细讲解请参考后续的相关内容。对于 C 语言，定义函数的语法规则如下。

```
返回值类型　函数名称(参数 1，参数 2…)
{
    函数体
}
```

对比上面的语法规则可以看出，在"void main()"这一行中，第一个 void 是指 main 函数的返回值数据类型，void 表示 main 函数仅仅完成某些功能，不向调用者返回数值。main 是函数名称。函数可以是 C 语言系统提供的系统函数，也可以是用户自己编写的函数。用户自己编写的函数，函数名字可以自行决定。main 后面是小括号对"()"，括号里是传递给函数的参数。类似初、高中学习的代数里的函数"$y=f(x)$"，x 是参数，f 是函数名称。参数可以是一个，可以是多个，也可以没有。每个参数都有一个数据类型。本例中的参数的数据类型是 void，表示 main 函数不需要参数。小括号后面紧接着的是大括号对"{}"，大括号对里的代码就是 main 函数实现的功能，被称作"函数体"。在函数体里能做哪些事情也是有规定的。这些内容会在第 8 章中详细说明。

留给读者以下 3 个试验：

（1）编写一个空的 main 函数；

（2）修改 main 函数的名称；

（3）编写两个 main 函数。

请分别在计算机上编辑、编译、连接和运行这 3 个试验的源代码，并观察发生的现象。

2.4　调用函数在屏幕上显示文字

main 函数体中的语句如下。

```
printf("Hello World!\n");
```

这行调用了 C 语言提供的格式输出函数，该函数的名称是"printf"，小括号内用双引号引起来的文字是 printf 函数的参数。该函数的功能是把小括号里的文字原样输出在屏幕上显示。也就是说双引号里的内容如果发生变化，则输出在屏幕上的文字也会发生变化。请读者自己尝试修改双引号里的文字。

调用函数在屏幕上
显示文字

"\n"在这里有特殊含义，读者可以发现"\n"中的"\"是转义字符，表示其后面紧跟的字符有专门的意思。"\n"表示将光标移到第二行的第一格，也就是回车换行的意思。

printf 函数调用语句最后用分号结束。

2.5　#include 预处理器指示符

源代码最终是需要被编译器处理的。编译器编译的过程比较复杂，一般需要经历好几步，第一步是预处理。所谓预处理，就是在编译前先进行一些预先处理，如代替源代码中需要代替的部分。#include 就是一个预处理指令。

为了弄清楚#include 的作用，现在请读者思考一个问题：编译器如何知道有 printf 这个函数？

#include 预处理器
指示符

2.5.1　函数声明及其作用

修改 printf 为其他单词，如 print_format。在编译的时候，编译器会返回以下错误。

```
warning C4013: 'printf_format' undefined; assuming extern returning int
```

"'printf_format' undefined"这句话表明出现了一个警告，强调使用了一个没有被定义的函数 print_format。

函数在被调用之前，一定要让编译器知道函数原型，这样编译器才知道有哪些函数名，该函数需要什么类型的参数，返回什么类型的值。告诉编译器函数原型的动作称为函数声明，如下所示。

```
返回类型　函数名(参数列表);
```

函数声明和函数定义中的返回值类型、参数、函数名都要一致。虽然 C 语言提供了很多库函数，但是对编译器来说，还是不能确定库函数的位置。所以即使使用的是 C 语言系统的库函数，也必须向编译器声明。在本实验中，因为 print_format 函数并没有向编译器声明过其函数原型，所以编译器就会提出"抗议"————一条警告。

2.5.2　试验寻找#include 的作用

在 hello.c 文件中，函数 printf 的声明在哪里呢？请读者做一个试验：将第一行代码删掉，就是去掉"#include <stdio.h>"，再编译看会出现什么现象。是不是编译器又提示缺少函数原型了呢？

```
warning C4013: 'printf' undefined; assuming extern returning int
warning C4013: 'getchar' undefined; assuming extern returning int
```

可以推测出 printf 和 getchar 两个函数的声明一定在 stdio.h 文件里。

没错，在编译器（如 Visual C++）的安装目录下，有一个 Microsoft Visual Studio\VC98\Include 文件夹。在该文件夹下可以搜索到 stdio.h 文件，用记事本或者任意一个文本编辑器打开该文件，截取该文件中的如下部分。

```
int getchar(void);
int printf(const char *, ...);
```

这就是这两个函数的声明。请读者再做一个试验：去掉#include 语句并自行添加函数声明。

```
int getchar(void);
int printf(const char *, ...);

void main()                      /*主函数，入口点*/
{                                /*函数开始*/
    printf("Hello World!");      /*输出字符串*/
    getchar();                   /*等待用户按 Enter 键*/
}                                //函数结束
```

此时编译将顺利通过。还记得等价交换原则吗？这里的#include 又和什么等价呢？

2.5.3　#include 的作用

本小节来解释#include 这行代码的作用。

#include 是 C 语言预处理器指示符。#和 include 之间可以有多个空格。#也不一定要顶格，但是一定是第一个非空白字符。#include 的作用是告诉编译器，在编译前要做些预先处理：将后面<>中的文件内容包含到当前文件内。所谓包含，是指将<>中列出的文件的内容复制到当前文件里。

#一定要是第一个非空白字符，否则编译器会提示错误，并且错误信息和出错原因完全不匹配。

因为 getchar 和 printf 两个函数的声明位于 stdio.h 文件中，所以用#include 把 stdio.h 文件包含进来，自然就把 getchar 和 printf 两个函数的声明也包含进来了。

函数声明只是向编译器登记有这么一个函数，在 C 语言中声明了函数而不调用这个函数是被允许的。这就是为什么包含了整个 stdio.h 文件（里面声明了很多其他函数），但实际没有使用这些函数而编译器却不提示。

读者可能要问，stdio.h 文件是个什么文件呢？std 是标准（standard）的缩写，io 是 Input/Output 的缩写，联合起来就是"标准输入输出"的意思，一般就是与屏幕输出和键盘输入相关的内容。".h"是 C 语言头文件的扩展名。所谓头文件，就是该文件里都是一些函数的声明、变量的声明等内容，扩展名为".c"的文件是 C 语言实现文件，是真正做事情的文件。

为了使读者对"包含"的意思有一个更明确的概念，下面做一个试验。

把 main 函数中的"printf("ɴHello Wolrd")"移到文件 string.txt 中，即在 hello.c 同一个文件夹下面，新建一个 string.txt 文件，输入如下代码。

```
printf("Hello World!");
```

原 hello.c 文件中使用#include 把 string.txt 文件引入，如下代码所示。

```
#include <stdio.h>              /*包含该头文件的目的是使用了函数 printf()*/
//int getchar(void);
//int printf(const char *, ...);

void main()                     /*主函数，入口点*/
{                               /*函数开始*/
    #include"string.txt"        /*包含 string.txt 文件*/
    getchar();                  /*等待用户按 Enter 键*/
}                               //函数结束
```

编译代码，代码顺利通过，运行效果同上一小节中示例一样。

2.6　习题

1. 一个 C 语言程序的执行是从本程序的_____函数开始，到_____函数结束。

2. 以下叙述不正确的是（　　）。

　　A. 一个 C 语言源程序可由一个或多个函数组成

　　B. 一个 C 语言源程序必须包含一个 main 函数

　　C. C 语言程序的基本组成单位是函数

　　D. 在 C 语言程序中，注释说明只能位于一条语句的后面

3. 在一个 C 语言源程序中，注释部分两侧的分界符分别为_____和_____。

4. 在 C 语言中，输出操作是由库函数_____完成的。

5. 下面程序的功能是交换两个数的值，请找出程序中的错误。

```
#include <stdio.h>

int main(void)
{
    //变量定义
    int num1 = 10;
    int num2 = 20;
    int temp;
    //输出交换前两个数的值
    printf("%d\t%d\n", num1, num2);

    temp = num1
    num1 = num2
    num2 = temp

    printf("%d\t%d\n", num1, num2);

    return 0;
}
```

6. 编写程序，输入以下信息。

```
**************************
这是我的第一个 C 语言程序
**************************
```

第3章
什么是程序

3.1 程序简介

在日常生活中，人们做任何事情都需要遵循一定的程序，即要按一定的顺序来操作，其中某些步骤的顺序是不能改变的，就像我们必须"先穿袜子后穿鞋"一样。实际上这就是生活中的"程序"。

程序简介

如果问题很复杂，那么通常还要使用分治策略（Divide and Conquer Strategy）将原始问题逐步分解为一些易于解决的子问题，然后各个击破。以准备早餐为例，可以按照如下方法将"准备早餐"进行任务分解，然后对其中的每个步骤逐步细化，如图3-1所示。

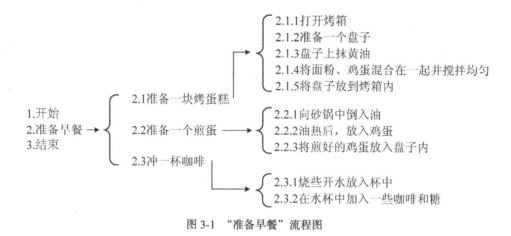

图3-1 "准备早餐"流程图

与现实生活不同的是，计算机执行特定任务是通过执行预定义的指令集来实现的。这些预定义的指令集就是所谓的计算机程序（Computer Program）。按照一定的顺序编写计算机程序，实际上就是在告诉计算机做什么和怎么做。

计算机程序和计算机之间的关系，就像食谱和厨师之间的关系一样，计算机程序指定了完成某一任务所需要的步骤。但不同于菜谱，目前人类还不能用自己的母语向计算机发送指令。

因此，计算机中的"程序"是通过用计算机指令编写的程序来实现的。

3.2　输入—处理—输出：这就是程序

工厂的生产车间生产出来的产品是工厂的最终输出。例如，某药厂生产的保健药经过了 80 多道工序。这些工序，当然是从输入原材料开始的，每道工序处理一件事情，最终生产出包装精美的保健药。

输入—处理—输出：
这就是函数

第一道工序是清洗，输入的是刚刚采摘下来的药材，其中有不少的烂叶子、烂根等。清洗工序处理完毕后，输出的是干净的、有用的药材。

第二道工序是榨汁，输入的是干净有用的药材。榨汁工序处理时，添加纯净水，榨出药汁。

接着是萃取工序，将药汁中有用的部分萃取出来……80 多道工序就这样一一处理完毕，保健药就制作完毕了。

从进场时的原材料，到最终生产出的保健药，就是一个"输入-处理-输出"的过程。深入药厂中的处理部分，80 多道工序，每个工序也是一个"输入-处理-输出"的过程。没有输入，就没有处理的素材，也就没有输出。

程序就是这样，根据输入进行不同的处理，输入不同，处理结果也不同。没有输出的程序是没有用的；没有输入的程序，缺乏灵活性，因为运行一次后，由于处理的数据相同，下一次运行结果也一样，而程序在多次运行时，用到的数据可能是不同的。在程序运行时，由用户临时根据情况输入所需的数据，可以提高程序的通用性，增加程序的利用价值。

在 C 语言中，基本的输入输出功能是由函数完成的。C 语言提供了非常丰富的输入输出函数，使得输入输出灵活多样、方便、功能强。输入即 input，输出即 output，输入输出简称为"I/O"。标准 I/O 函数库的一些公用的信息被集中放在了头文件 stdio.h 中，该文件在前面的内容中曾介绍过。

3.2.1　用 printf 函数输出数据

在前面的例题中已经多次用 printf 函数输出数据，下面再做比较系统的介绍。

printf 函数是格式输出函数，用来向终端（输出设备）输出若干个任意类型的数据。

printf 函数的一般格式如下。

```
printf（格式控制，输出表列）
```

示例如下。

```
printf("%d,%c\n",i,c)
```

括号内包括以下两个部分的内容。

（1）"格式控制"是用双撇号括起来的一个字符串，称为"转换控制字符串"，简称"格式字符串"。它包括以下两个信息。

① 格式声明。格式声明由"%"和格式字符组成，如%d、%f等。它的作用是将输出的数据转换为指定的格式后输出。格式声明总是由"%"字符开始的。

② 普通字符。普通字符即在输出时需要原样输出的字符。例如，上面printf函数中双撇号内的逗号、空格和换行符，也可以包括其他字符。

（2）"输出表列"是程序需要输出的一些数据，可以是常量、变量或表达式。

下面是printf函数的具体例子。

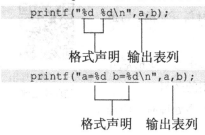

在第二个printf函数中的双撇号内的字符，除了两个"%d"以外，还有非格式声明的普通字符（如a=、b=和\n），它们全部按原样输出。如果a和b的值分别为3和4，则输出结果如下所示。

```
a=3 b=4
```

执行"\n"，使输出控制移到下一行的开头，从显示屏幕上可以看到光标已移到下一行的开头。

上面输出结果中有下画线的字符是printf函数中的"格式控制字符串"中的普通字符按原样输出的结果。3和4是a和b的值（注意3和4这两个数的前和后都没有外加空格），其数字位数由a和b的值而定。假如a=12，b=123，则输出结果如下所示。

```
a=12  b=123
```

由于printf是函数，因此，"格式控制字符串"和"输出表列"实际上都是函数的参数。

printf函数的一般形式如下。

```
printf（参数1，参数2，参数3，...，参数n）
```

参数1是格式控制字符串，参数2～参数n是需要输出的数据。执行printf函数时，将参数2～参数n按参数1所指定的格式进行输出。参数1是必须有的，参数2～参数n是可选的。

3.2.2　用scanf函数输入数据

scanf函数是格式输入函数，即按用户指定的格式从键盘上把数据输入指定的变量之中。

scanf函数的一般格式为

```
scanf(格式控制，地址表列);
```

"格式控制"的含义同printf函数。"地址表列"是由若干个地址组成的表列，可以是变量的地址或字符串的首地址。

scanf函数支持1～n个变量的输入，代码如下所示。

```
scanf("%d", &x); //1个变量
scanf("x=%d,y=%f", &x, &y); //2个参数
```

例： 从键盘上接收两个整数、一个浮点数，分别存于 x、y 和 z 中。

```c
/*源文件: demo3_0.c*/
#include <stdio.h>
#include <stdlib.h>
int main(void)
{
    int x, y;
    float z;
    printf("请输入x,y,z 的值（以逗号隔开）:");
    scanf("%d,%d,%f", &x, &y, &z);
    printf("你输入的数是：x=%d,y=%d,z=%f\n", x, y, z);

    system("PAUSE");
    return 0;
}
```

程序执行效果如下所示，由此可知，scanf 函数的作用就是将从键盘上输入的数据"送到"内存中进行存储，示意图如图 3-2 所示。

```
请输入 x,y,z 的值（以逗号隔开）:837,98,3.1415
你输入的数是：x=837,y=98,z=3.141500
请按任意键继续…
```

图 3-2　scanf 函数的作用示意图

C 语言提供的输入输出格式比较多，也比较烦琐，初学时不易掌握，更不易记住。用得不对就得不到预期的结果，不少编程人员由于掌握不好这方面的知识而浪费了大量的时间来调试程序。为了使读者便于掌握，本章主要介绍最常用的格式输入输出，有了这些基本知识，就可以顺利地进行一般的编程工作了。以后再结合应用进一步介绍格式输入输出的各种应用。

在初学时不必花许多精力去深究每一个细节，重点掌握最常用的一些规则即可。其他部分可在需要时随时查阅。学习这部分的内容时最好边看书边上机练习，通过编写和调试程序的实践来逐步深入学习，从而自然地掌握格式输入输出的应用。

3.3　结构化程序设计

结构化程序设计的思想是：把一个需要解决的复杂问题分解成若干模块来处理，每个模块解决一个小问题，这种分而治之的方法大大降低了程序设计的难度。结构化程序设计的核心问题是算法和控制结构。

所谓算法，指的是解决问题时的一系列方法和步骤。算法的思维体现在生活的各个方面，例如，我们要去北京旅游，会问一些问题："用什么交通工

结构化程序设计

具？""在哪里中转？""是否要去奥运赛场？"等，这些都包含着算法。可见，算法的步骤间有一定的逻辑顺序，按这些顺序执行步骤便可以解决问题、达到目的。这种逻辑顺序，在 C 语言中体现为控制结构。

结构化程序设计提供了 3 种控制结构，分别是顺序结构、分支结构和循环结构。使用这 3 种基本结构可以构成任意复杂的算法。

- 顺序结构是最简单、最基本的结构，程序按书写的顺序从上到下执行，不进行任何跳转。
- 分支结构又称为"选择结构"，需要在某处做出判断，根据判断结果决定选择哪个分支，即按判断条件决定某些语句是否执行。选择结构先判断某个条件是否成立，若成立则执行，反之则不执行。
- 循环结构则用于重复执行程序的某个部分，即由某个循环控制条件来控制某些语句及代码段是否反复执行、执行多少次。

3.4 顺序结构与流程图

例：设计一个程序，先得到圆的半径，然后计算并显示圆的面积和周长。

显然，对所设计的程序而言，半径是输入，圆的面积和周长是输出。用自然语言形式表示的程序如图 3-3 所示。

顺序结构与流程图

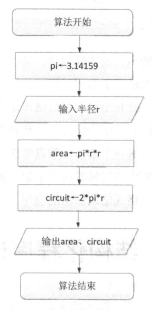

图 3-3　计算圆半径的流程图

本例中自然语言表示如下。

输入：pi、半径。

输出：圆的面积、周长。

处理过程如下。

- 步骤 1：输入半径。
- 步骤 2：计算面积，计算公式为 pi*半径²。
- 步骤 3：计算周长，计算公式为 2*pi*半径。
- 步骤 4：输出面积和周长。

计算机程序的表示形式有很多种，除自然语言外，还可以用流程图。本例对应的流程图如表 3-1 所示。在表 3-1 中，可以看到几种不同的图形符号，流程图就是借助约定的图形符号来表示程序的。

表 3-1　　　　　　　　　　　　　　　　算法的流程图符号

符号	名称	含义
	开始/结束框	程序的开始与结束，每一流程图只有一个起止点
	流程处理框	要执行的处理
	判断框	决策或判断
	输入/输出框	表示数据的输入/输出
	流向线	表示执行的方向与顺序

表 3-1 给出了国标的流程图符号。使用这些符号画出来的流程图称为传统流程图。发展至今，已出现了许多种不同的流程图。读者没必要了解太多的流程图的画法，掌握一种就足够了。因此，本书也只使用传统的流程图。

图 3-3 中，从程序开始至结束，每个处理框中的步骤依次执行。这种由按顺序执行的处理框组成的流程，称为顺序结构的流程。有了流程图，编程人员在掌握了程序设计语言的基础上，就能编写相应的代码了。例如，根据图 3-3，写出的代码如下所示。

```c
/*源文件: demo3_1.c*/
#include <stdio.h>
#include <stdlib.h>

int main(void)
{
    const double pi = 3.1415926;
    double r,area,circuit;
    printf("请输入半径:");
    scanf("%lf",&r);//输入

    area = pi * r * r;//处理
    circuit = 2 * pi * r;
    //输出
    printf("半径为%f 的圆的面积和周长分别为:%f,%f\n",r,area,circuit);
```

```
    system("PAUSE");
    return 0;
}
```

上述程序的运行结果如下。

请输入半径:3
半径为 3.00000 的圆的面积和周长分别为:28.274333,18.849556
请按任意键继续…

图 3-3 所示的流程图仅有顺序结构，所以程序 demo3_1.c 中的语句按顺序逐条执行。实践中，程序中的语句全部按顺序执行的情况并不多见。例如，程序中的语句可以有选择性地执行、一条或几条语句可能反复地执行，直到满足不再反复执行的条件为止。

3.5 选择结构

demo3_1.c 似乎是一个"天衣无缝"的程序了，但事实并非如此。因为当用户输入的半径是负数或零的时候，程序的输出则是错误的。这一错误归根结底在于算法的设计有瑕疵，因为算法没有处理输入有误的情况。为此，需要对算法进行改进，如图 3-4 所示。

选择结构

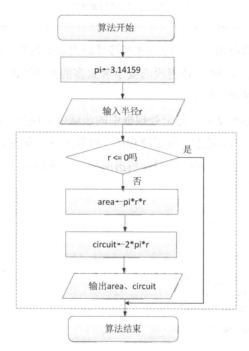

图 3-4 增加选择分支结构后的新算法流程图

在图 3-3 所示的算法中，仅出现了顺序结构。相应地，程序 demo3_1.c 中的语句就按顺序逐条执行，这显然不满足具备处理错误输入功能的设计要求。因为当输入出现错误时，不应该做出计算周长和面积的处理。当输入的半径 r 大于 0 时（即 r≤0 取"否"的时候），灰色虚线框中的 3 个步骤才执行；否则直接转至"算法结束"，如图 3-4 所示。这就意味着，算法中的有些步骤是有选择性地执行的，这种结构（图 3-4 所示的虚线框中的流程结构）被称为"选择结构""选择分支结构"或"分支结构"。

以上算法对应的程序在 demo3_2.c 文件中，该程序出现了"if"关键字，关于它的使用方法将在本章中进行讲解。请读者务必先行编译、连接、运行该程序，并观察它的运行效果。

```c
/*源文件: demo3_2.c*/
#include <stdio.h>
#include <stdlib.h>

int main(void)
{
    const double pi=3.1415926;
    double r,area,circuit;
    printf("请输入半径: ");
    scanf("%lf",&r);

    /*如果 r<=0,则直接退出*/
    if(r<=0){
        printf("错误:你输入的半径小于或等于0,程序退出.\n");
        system("PAUSE");
        return 0;              /*程序结束*/
    }

    area= pi * r * r;
    circuit = 2 * pi *r;

    printf("圆的面积和周长分别为:%f, %f\n",area, circuit);

    system ("PAUSE" );
    return 0;                  /*程序结束*/
}
```

当输入"-9"时，上述程序的运行结果如下。

请输入半径:-9
错误：你输入的半径小于或等于 0，程序退出。
请按任意键继续…

当输入 9 时，上述程序的运行结果如下。

请输入半径:9
圆的面积和周长分别为：254.46001,56.540667
请按任意键继续…

3.6　循环结构

循环结构

能否只让该程序执行一次，但要求它提供计算多个圆的面积和周长的功能，即希望程序有"循环"计算的能力。为此，对上一小节的算法进行了改进，得到了新的算法，如图 3-5 所示。新算法显示，每计算完一个圆的面积和周长，都将询问（图 3-5 所示的小灰色虚线框）用户是否再计算下一个圆的面积和周长。当用户选择"是"时，算法又回到"输入半径 r"这一步骤开始执行。这就是说，每计算完一个圆的面积和周长，只要用户选择"是"就又将计算下一个圆的面积和周长，直到用户选择"否"为止。算法中这样的一种结构称为"循环结构"，如图 3-5 中的大灰色虚线框所示。

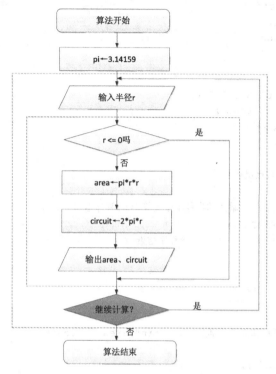

图 3-5　增加循环结构后的新算法流程图

算法对应的程序为 demo3_3.c，此程序中，读者可以看到 do、while 这样的一些关键字。关于它们的使用方法也将在本章中进行讲解。请读者务必先行编译、连接、运行该程序，并观察它的运行效果。

```c
/*源文件: demo3_3.c*/
#include<stdio.h>
#include<stdlib.h>

int main(void)
{
    const double pi=3.1415926;
    double r,area,circuit;
    int flag=0;/*flag值为1时，将循环计算下一个圆，其他值时不再计算*/
    do
    {
        printf("=============一个新圆的计算=============\n");
        printf("请输入半径：");
        scanf("%lf",&r);
```

```
    if(r<=0)
    {
        printf("错误:你输入的半径小于或等于 0.\n");
    }
    else{
        area = pi * r * r;
        circuit = 2 * pi * r;
        printf("当前圆的面积和周长分别为: %f,%f\n",area,circuit);
    }

    /*询问用户是否继续*/
    printf("如果您想继续计算下一个圆的面积和周长,请输入 1,否则请输入其他数: ");
    scanf("%d",&flag);/*用户需要循环计算时,须在键盘上输入 1*/

    }while(1==flag);/*当 flag 的值为 1 时循环(相当于用户选择了"是")*/

    system("PAUSE");
    return 0;
}
```

上述程序的运行结果如下。

```
==============一个新圆的计算==============
请输入半径: 2
当前圆的面积和周长分别为: 12.566370,12.566370
如果想继续计算下一个圆的面积和周长,请输入 1;否则请输入其他数: 1
==============一个新圆的计算==============
请输入半径: -9
错误: 你输入的半径小于或等于 0
如果想继续计算下一个圆的面积和周长,请输入 1,否则请输入其他数: 1
==============一个新圆的计算==============
请输入半径: 3
当前圆的面积和周长分别为: 28.274333,18.849556
如果想继续计算下一个圆的面积和周长,请输入 1,否则请输入其他数: 0
请按任意键继续…
```

3.7　扩充内容: printf 函数的格式字符

前面已介绍,在输出时,对不同类型的数据要指定不同的格式声明,而格式声明中最重要的内容是格式字符。常用的有以下几种格式字符。

(1)d 格式符。用来输出一个有符号的十进制整数。

在前面的例子中已经看到了,在输出时,按十进制整型数据的实际长度输出,正数的符号不输出。

可以在格式声明中指定输出数据的域宽(所占的列数),如用 "%5d" 指定输出数据占 5 列,输出的数据显示在此 5 列区域的右侧,如下所示。

```
printf("%5d\n%5d\n",12,-345);
```

输出结果如下。

```
   12          (12 前面有 3 个空格)
 -345          (-345 前面有 1 个空格)
```

若输出 long（长整型）数据，在格式符 d 前加字母 1（代表 long），即 "%ld"。若输出 long long（双长整型）数据，在格式符 d 前加两个字母 1（代表 long long），即 "%lld"。

（2）c 格式符。用来输出一个字符，如下所示。

```
char ch='a';
printf("%c",ch);
```

运行时输出结果如下。

```
a
```

也可以指定域宽，如下所示。

```
printf("%5c",ch);
```

运行时输出结果如下。

```
    a                                    (a 前面有 4 个空格)
```

一个整数，如果在 0～127 的范围内，也可以用 "%c" 使之按字符形式输出，在输出前，系统会将该整数作为 ASCII 码转换成相应的字符，如下所示。

```
short a=121;
printf("%e",a);
```

输出字符 y。如果整数比较大，则把它的最后一个字节的信息以字符形式输出，如下所示。

```
int a=377;
printf("%e",a);
```

因为用%c 格式输出时，只考虑一个字节，存放 a 的存储单元中最后一个字节中的信息是 01111001，即十进制的 121，它是 "y" 的 ASCII 码。

（3）s 格式符。用来输出一个字符串，如下所示。

```
printf("%s","CHINA");
```

执行此函数时将在显示屏上输出字符串 "CHINA"（不包括双引号）。

（4）f 格式符。用来输出实数（包括单精度、双精度、长双精度），以小数形式输出，有以下几种用法。

① 基本型，用%f。

不指定输出数据的长度，由系统根据数据的实际情况决定数据所占的列数。系统处理的方法一般是：实数中的整数部分全部输出，小数部分输出 6 位。

例：用%f 输出实数，并只能得到 6 位小数。

```
/*源文件: demo3_4.c*/
#include <stdio.h>
int main()
{
    double a=1.0;
    printf("%f\n", a/3);
    return 0;
}
```

运行结果如下所示。

0.333333

虽然 a 是双精度型，a/3 的结果也是双精度型，但用%f 格式声明只能输出 6 位小数。

② 指定数据宽度和小数位数，用%m.nf。

例如，"%7.2"指定了输出的数据占 7 列，其中包括 2 位小数。对其后一位采取四舍五入方法处理，即向上或向下取近似值。如果把小数部分指定为 0，则不仅不输出小数，而且小数点也不输出。如果 printf 函数中指定 "%7.0f" 格式声明，由于其整数部分为 0，因此输出结果为 0。所以不要轻易指定小数的位数为 0。

如果想输出双精度变量 a 的 15 位小数，用 "%20.15f" 格式声明，即把上面程序的第 4 行改为如下形式。

```
printf("%20.15f\n",a/3);
```

运行结果如下所示。

0.333333333333333   (0 前面有 3 个空格)

这时输出了 15 位小数。但是应该注意：一个双精度数只能保证 15 位有效数字的精确度，即使指定小数位数为 50（如用%55.50f），也不能保证输出的 50 位都是有效的数字。读者可以上机试一下。

　　　　在用%f 输出时要注意数据本身能提供的有效数字，如 float 型数据的存储单元只能保证 6 位有效数字，double 型数据能保证 15 位有效数字。不要以为计算机输出的所有数字都是绝对精确的。

例：float 型数据的有效位数。

```
/*源文件: demo3_5.c*/
#include <stdio.h>
int main()
{
    float a;
    a = 10000/3.0;
    printf("%f\n",a);
    return 0;
}
```

运行结果如下。

3333.333252

本来计算的理论值应为 3333.333333333……，但由于 float 型数据只能保证 6 位有效数字，因此虽然程序输出了 6 位小数，但从左边开始的第 7 位数字（即第 3 位小数）及以后的数字并不保证是绝对正确的。如果将 a 改为 double 型，其他不变，请思考输出结果如何，可上机一试。

　　　　float 类型数据的有效数字详细介绍请参见 4.4.3 小节。

③ 输出的数据向左对齐，用%-m.nf。

在 m.n 的前面加一个负号，其作用与%m.nf 形式的作用基本相同，但当数据长度不超过 m

时，数据向左靠，右端补空格，如下所示。

```
printf("%-25.15f, %25.15f\n",a,a);
```

运行结果如下所示。

```
3333.333333333333500  ,     3333.333333333333500
```

第 1 次输出 a 时，输出结果向左端靠，右端空 5 列。第 2 次输出 a 时，输出结果向右端靠，左端空 5 列。

综合上面的介绍，格式声明的一般形式如下。

% 附加字符 格式字符

以上介绍的加在格式字符前面的字符（如 l、m、n、-等）就是附加字符，又称为"修饰符"，起补充声明的作用。

为便于查阅，表 3-2 和表 3-3 分别列出了 printf 函数中用到的格式字符和附加字符。

表 3-2   printf 函数中用到的格式字符

格式字符	说明
d,i	以带符号的十进制形式输出整数（正数不输出符号）
o	以八进制无符号形式输出整数（不输出前导符 0）
x,X	以十六进制无符号形式输出整数（不输出前导符 0x），用 x 则以 a~f 的小写形式输出十六进制数；用 X 时，则以大写字母输出
u	以无符号十进制形式输出整数
c	以字符形式输出，只输出一个字符
s	输出字符串
f	以小数形式输出单、双精度数，隐含输出 6 位小数
e,E	以指数形式输出实数，用 e 时指数以"e"表示（如 1.2e+02），用 E 时指数以"E"表示（如 1.2E+02）
g,G	选用%f 或%e 格式中输出宽度较短的一种格式，不输出无意义的 0。用 G 时，若以指数形式输出，则指数以大写表示

在格式声明中，在%和上述格式字符间可以插入表 3-3 中列出的几种附加字符。

表 3-3   printf 函数中用到的附加字符

附加字符	说明
l	长整型整数，可加在格式字符 d、0、x、u 前面
m（代表一个正整数）	数据最小宽度
n（代表一个正整数）	对实数，表示输出 n 位小数；对字符串，表示截取的字符个数
-	输出的数字或字符在域内向左靠

说明以下几点。

（1）printf 函数输出时，务必注意输出对象的类型应与上述格式说明相匹配，否则将会出现错误。

（2）除了 X、E、G 外，其他格式字符必须用小写字母，如%d 不能写成%D。

（3）可以在 printf 函数中的格式控制字符串内包含转义字符，如\n、\t、\b、\r、\f 和\377 等。

（4）如果想输出字符 "%"，应该在 "格式控制字符串" 中用连续的两个 "%" 表示，如下所示。

```
printf("%f%%\n",1.0/3);
```

输出结果如下所示。

```
0.333333%
```

实现了输出字符 "%"。

3.8　扩充内容：scanf 函数的格式字符

与 printf 函数中的格式声明相似，以%开始，以一个格式字符结束，中间可以插入附加字符。示例代码如下所示。

```
scanf("a=%f,b=%f,c=%f",&a,&b,&c);
```

在格式字符串中除了有格式声明%f 以外，还有一些普通字符（如 "a="、"b="、"c=" 和 ","）。

表 3-4 和表 3-5 列出了 scanf 函数所用的格式字符和附加字符。它们的用法和 printf 函数中的用法差不多。

表 3-4　　　　　　　　　　　　　scanf 函数中用到的格式字符

格式字符	说明
d,i	输入有符号的十进制整数
u	输入无符号的十进制整数
o	输入无符号的八进制整数
x,X	输入无符号的十六进制整数（大小写作用相同）
c	输入单个字符
s	输入字符串，将字符串送到一个字符数组中，在输入时以非空白字符开始，以第一个空白字符结束。字符串以串结束标志 "\0" 作为其最后一个字符
f	输入实数，可以用小数形式或指数形式输入
e,E,g,G	与 f 作用相同，e 与 f、g 可以互相替换（大小写作用相同）

表 3-5　　　　　　　　　　　　　scanf 函数中用到的附加字符

字符	说明
l	输入长整型数据（可用%ld、%lo、%lx、%lu)以及 double 型数据（用%lf 或%le）
h	输入短整型数据（可用%hd、%ho、%hx）
域宽	指定输入数据所占的宽度（列数），域宽应为正整数
*	本输入项在读入后不赋给相应的变量

这两个表是为了备查用的，不必死记。开始时会用比较简单的形式输入数据即可。

使用 scanf 函数时应注意的问题如下。

（1）scanf函数中的"格式控制"后面应当是变量地址，而不是变量名。例如，若a和b为整型变量，如果写成如下形式，则是不对的。

```
scanf("%f%f%f",a,b,c);
```

应将"a,b,c"改为"&a,&b,&c"，许多初学者常犯此错误。

（2）如果在"格式控制字符串"中除了格式声明以外还有其他字符，则在输入数据时应在对应的位置上输入与这些字符相同的字符。

```
scanf("a= %f,b= %f,c=%f",&a,&b,&c);
```

在输入数据时，应在对应的位置上输入同样的字符。

```
a=1,b=3,c=2✓ (注意输入的内容)
```

如果输入以下数据，则是错误的。

```
1 3 2✓
```

因为系统会把它和scanf函数中的格式字符串进行逐个字符的对照检查，只是在%f的位置上代以一个浮点数。

在"a=1"的后面输入一个逗号，它与scanf函数中的"格式控制"中的逗号对应。如果输入时不用逗号而用空格或其他字符是不对的。

（3）在用"%c"格式声明输入字符时，空格字符和"转义字符"中的字符都作为有效字符输入，如下所示。

```
scanf("%c%c%c",&c1,&c2,&c3);
```

在执行此函数时应该连续输入3个字符，中间不要有空格，如下所示。

```
abc✓          (字符间没有空格)
```

若在两个字符间插入空格就不对了，如下所示。

```
a b c✓
```

系统会把第1个字符a送给c1；第2个字符是空格字符，送给c2；第3个字符b送给c3。而不是把a送给c1，把b送给c2，把c送给c3。

输入数值时，在两个数值之间需要插入空格（或其他分隔符），以使系统能区分两个数值。在连续输入字符时，在两个字符之间不要插入空格或其他分隔符（除非在scanf函数中的格式字符串中有普通字符，这时在输入数据时要在原位置插入这些字符），系统能区分两个字符。

（4）在输入数值数据时，如输入空格、Enter、Tab键或遇非法字符（不属于数值的字符），则认为该数据结束，如下所示。

```
scanf("%d%c%f",&a,&b,&c);
```

若输入以下数据。

```
1234a 123o.26✓
```

第1个数据对应%d格式，在输入1234之后遇字符a，因此系统认为数值1234后已没有数字了，第1个数据应到此结束，就把1234送给变量a。把其后的字符a送给字符变量b，由于%c只要求输入一个字符，系统判定该字符已输入结束，因此输入字符a之后不需要加空格。字符 a 后面的数值应送给变量 c。如果由于疏忽把 1230.26 错打成 123o.26，导致数值 123 后面出现字母 o，就认为该数值数据到此结束，将 123 送给变量 c，后面几个字符没有被读入。

3.9 扩充内容：字符输入输出函数

除了可以用 printf 函数和 scanf 函数输出和输入字符外，C 语言的函数库还提供了一些专门用于输入和输出字符的函数，它们是很容易理解和使用的。

1. 用 putchar 函数输出一个字符

想从计算机向显示器输出一个字符，可以调用系统函数库中的 putchar 函数（字符输出函数）。putchar 函数的一般形式如下。

```
putchar(c)
```

putchar 是 put character（给字符）的缩写，很容易记忆。C 语言的函数名大多是可以顾名思义的，不必死记。putchar(c)的作用是输出字符变量 c 的值，显然输出的是一个字符。

例：输出 BOY 这 3 个字符。

解题思路 定义 3 个字符变量，分别赋以初值"B""O""Y"，然后用 putchar 函数输出这 3 个字符变量的值。编写程序如下所示。

```
/*源文件: demo3_6.c*/
#include <stdio.h>
int main()
{
    char a='B',b='O',c='Y';//定义 3 个字符变量并初始化
    putchar(a);                    //向显示器输出字符 B
    putchar(b);                    //向显示器输出字符 O
    putchar(c);                    //向显示器输出字符 Y
    putchar('\n');                 //向显示器输出一个换行符
    return 0;
}
```

运行结果如下所示。

```
BOY
```

连续输出 B、O、Y 3 个字符，然后换行。从此例可以看出，用 putchar 函数既可以输出能在显示器屏幕上显示的字符，又可以输出屏幕控制字符，如 putchar('\n');的作用是输出一个换行符，使输出的当前位置移到下一行的开头。

如果把上面的程序改为以下这样，请思考输出结果。

```
/*源文件: demo3_7.c*/
#include <stdio.h>
int main()
{
    int a=66,b=79,c=89;//定义 3 个整型变量并初始化
    putchar(a);                //向显示器输出字符 B
    putchar(b);                //向显示器输出字符 O
```

```
    putchar(c);              //向显示器输出字符 Y
    putchar('\n');           //向显示器输出一个换行符
    return 0;
}
```

运行结果如下所示。

```
BOY
```

从前面的介绍已知：字符类型也属于整数类型，因此将一个字符赋给字符变量和将字符的
ASCII 码赋给字符变量的作用是完全相同的（但应注意，整型数据的范围为 0~127）。putchar
函数是输出字符的函数，它输出的是字符，并不能输出整数。66 是字符 B 的 ASCII 码，因此，
putchar(66)输出字符 B。其他类似。

 putchar(c)中的 c 可以是字符常量、整型常量、字符变量或整型变量（其值在字符
的 ASCII 代码范围内）。

可以用 putchar 函数输出转义字符，如下所示。

```
putchar('\101')   (输出字符 A)
putchar('\'')     (括号中的'是转义字符，代表单撇号，输出单撇号字符)
putchar('\015')   (八进制数 15 等于十进制数 13，附录 A 查出 13 是 "Enter" 的 ASCII 代码，
                   因此输出回车，不换行，使输出的当前位置移到本行开头)
```

2. 用 getchar 函数输入一个字符

为了向计算机输入一个字符，可以调用系统函数库中的 getchar 函数（字符输入函数）。
getchar 函数的一般形式如下。

```
getchar()
```

getchar 是 get character（取得字符）的缩写，getchar 函数没有参数，它的作用是从输入设
备（一般是键盘）输入一个字符，即计算机获得一个字符。getchar 函数的值就是从输入设备得
到的字符。getchar 函数只能接收一个字符。如果想输入多个字符，就要用多个 getchar 函数。

例：从键盘输入 BOY3 个字符，然后把它们输出到屏幕上。

解题思路　用 3 个 getchar 函数先后从键盘向计算机输入 BOY 3 个字符，然后用 putchar 函
数输出。编写程序如下。

```
/*源文件: demo3_8.c*/
#include <stdio.h>
int main()
{
    char a, b, c;//定义字符常量 a, b, c
    a=getchar();//从键盘输入一个字符，送给字符变量 a
    b=getchar();//从键盘输入一个字符，送给字符变量 b
    c=getchar();//从键盘输入一个字符，送给字符变量 c
    putchar(a);//将变量 a 的值输出
    putchar(b);//将变量 b 的值输出
    putchar(c);//将变量 c 的值输出
    putchar('\n');//换行
    return 0;
```

```
}
```

运行结果如下所示。

```
BOY
BOY
```

在连续输入 BOY 并按 Enter 键后，字符才送到计算机中，然后输出 BOY 3 个字符。

在用键盘输入信息时，并不是在键盘上敲一个字符，该字符就立即送到计算机中去；这些字符先暂存在键盘的缓冲器中，只有按了 Enter 键后才把这些字符一起输入计算机中，然后按先后顺序分别赋给相应的变量。

如果在运行时，每输入一个字符后马上按 Enter 键会得到什么结果呢？运行情况如下。

```
B✓
O✓
B
O
```

输入字符 B 后马上按 Enter 键，再输入字符 O，按 Enter 键。立即会分两行输出 B 和 O。请思考是什么原因？

第 1 行输入的不是一个字符 B，而是两个字符：B 和换行符。其中字符 B 赋给了变量 a，换行符赋给了变量 b。第 2 行接着输入两个字符：O 和换行符，其中字符 O 赋给了变量 c，换行符没有送入任何变量。在用 putchar 函数输出变量 a、b、c 的值时，就输出了字符 B；然后输出换行，再输出字符 O；最后执行 putchar('\n')，换行。

执行 getchar 函数不仅可以从输入设备获得一个可显示的字符，而且可以获得在屏幕上无法显示的字符，如控制字符。

用 getchar 函数得到的字符可以赋给一个字符变量或整型变量，也可以不赋给任何变量，而作为表达式的一部分，在表达式中利用它的值。例如，上面的代码可以改写为如下所示的形式。

```
/*源文件: demo3_9.c*/
#include <stdio.h>
int main()
{
    putchar(getchar());            //将接收到的字符输出
    putchar(getchar());            //将接收到的字符输出
    putchar(getchar());            //将接收到的字符输出
    putchar('\n');                 //换行
    return 0;
}
```

运行结果如下所示。

```
BOY
BOY
```

连续输入 BOY 后，按 Enter 键，输出 BOY，然后换行。

在连续输入 BOY 并按 Enter 键后，这些字符才被送到计算机中，然后按得到字符的先后顺序输出 3 个字符 BOY，最后再输出一个回车。因为第 1 个 getchar 函数得到的值为 "B"。因此 putchar(getchar ())相当于 putchar('B')，输出 B。第 2 个 getchar 函数相当于 putchar('O')，输出得到的值为 "O"。第 3 个情况类似。

注意　不要在按 B 后马上按 Enter 键，否则会把回车也作为一个字符输入。

也可以在 printf 函数中输出刚接收的字符。

```
printf("%c", getchar());                //%c 是输出字符的格式声明
```

在执行此语句时，先从键盘输入一个字符，然后用输出格式符%c 输出该字符。

例：从键盘输入一个大写字母，在显示屏上显示对应的小写字母。

解题思路　用 getchar 函数从键盘读入一个大写字母，把它转换为小写字母，然后用 putchar 函数输出该小写字母，编写程序如下。

```
/*源文件: demo3_10.c*/
# include <stdio.h>
int main()
{
    char c1,c2;
    c1 = getchar();//从键盘读入一个大写字母，赋给字符变量 c1
    c2 = c1+32;   //求对应小写字母的 ASCII 代码，放入字符变量 2 中
    putchar(c2); //输出 c2 的值，是一个字符
    putchar('\n');
    return 0;
}
```

运行结果如下所示。

```
B
b
```

从键盘输入一个大写字母，在显示屏上显示对应的小写字母。

当然，也可以用 printf 函数输出，把最后两个 putchar 函数改用一个 printf 函数代替，代码如下。

```
/*源文件: demo3_11.c*/
# include <stdio.h>
int main()
{
    char c1,c2;
    c1 = getchar();//从键盘读入一个大写字母，赋给字符变量 c1
    c2 = c1 + 32;//得到对应的小写字母的 ASCII 码，放入字符变量 c2 中
    printf("大写字母:%c\n 小写字母:%c\n",c1,c2);//输出 c1.c2 的值
    return 0;
}
```

运行结果如下所示。

```
N
```

大写字母：N

小写字母：n

从键盘输入一个大写字母 N，程序输出大写 N 和小写 n。

思考：可以用 printf 函数和 scanf 函数输出或输入字符，也可以用字符输入输出函数输入或输出字符，请比较这两个方法的特点，判断在特定情况下用哪一种方法为宜。

本章结合简单的程序，系统地介绍了编写程序的各项要素，有了这些基础，就可以开始编写程序了。

3.10 习题

3.10.1 输入输出函数

1. 若 m 为 float 型变量，则执行以下语句后的输出为（　　　）。

```
m=1234.123;
printf("%-8.3f\n",m);
printf("%10.3f\n",m);
```

　　A. 1234.123　　　　B. 　　1234.123　　　　C. 1234.123　　　　D. -1234.123

　　　 1234.123　　　　　　　　1234.123　　　　　　　　1234.123　　　　　 001234.123

2. 若 x 是 int 型变量，y 是 float 型变量，所用的 scanf 调用语句格式为：

```
scanf("x=%d,y=%f",&x,&y);
```

则为了将数据 10 和 66.6 分别赋给 x 和 y，正确的输入应是（　　　）。

　　A. x=10,y=66.6<回车>　　　　　　　　B. 10 66.6<回车>

　　C. 10<回车>66.6<回车>　　　　　　　D. x=10<回车>y=66.6<回车>

3. 已知有变量定义：int a;char c;用 scanf（"%d%c",&a,&c);语句给 a 和 c 输入数据，使 30 存入 a，字符"b"存入 c，则正确的输入是（　　　）。

　　A. 30'b'<回车>　　　B. 30　b<回车>　　　C. 30<回车>b<回车>　　D. 30b<回车>

4. 已知有变量定义：double x;long a;要给 a 和 x 输入数据，正确的输入语句是_____。若要输出 a 和 x 的值，正确的输出语句是_____。

　　A. scanf("%d%f",&a,&x);　　　　　　　B. scanf("%ld%f",&a,&x);
　　　 printf("%d,%f",a,x);　　　　　　　　　printf("%ld,%f",a,x);

　　C. scanf("%ld%lf",&a,&x);　　　　　　D. scanf("%ld%lf",&a,&x);
　　　 printf("%ld,%lf",a,x);　　　　　　　　printf("%ld,%f",a,x);

5. 若有定义 double x=1，y；则以下语句的执行结果是（　　　）。

```
y=x+3/2; printf("%f",y);
```

　　A. 2.500000　　　　B. 2.5　　　　　　C. 2.000000　　　　D. 2

6. 若 a 为整型变量，则以下语句（　　　）。

```
a=-2L; printf("%d\n",a);
```

　　A. 赋值不合法　　　　　　　　　　　　B. 输出为不确定的值

C. 输出值为-2   D. 输出值为 2

3.10.2 结构化程序设计

1. 已知一个矩形的宽和长，编写一个程序求其面积。要求从键盘输入矩形的宽和长，将计算得出的面积输出至屏幕上。

2. 从键盘输入两个数，交换两个数的值，再输出至屏幕上。

3. 从键盘输入一个小写字母，要求将其转换为大写字母后输出。

4. 现有函数 y=5x+3，从键盘输入一个数，输出对应的 y 值。

5. 循环从键盘输入 3 个数，编写一个程序计算其总和及平均值。

第4章
C 语言基础——数据类型、常量及变量

使用 C 语言编写程序，至少要在程序中包括描述数据相关的内容，即用 C 语言的说明语句指明本程序中要操作和处理哪些数据，这些数据都是什么样的存储属性和存储类型。

本章介绍 C 语言中与数据描述和数据处理有关的问题，包括 C 语言的数据类型、常量和变量。

4.1 计算机是如何表示数据的

在计算机上，我们打开"计算器"，输入几个数据，就可以得出它们的计算结果。对我们来说，输入的是数据，看到的是结果。对计算机来说，它看到的是什么呢？本节会先介绍计算机中的进制形式，然后介绍数据在计算机中是如何被存储的。

4.1.1 二进制、八进制和十六进制

二进制、八进制和十六进制是计算机中常用的进制形式。N 进制的计数法，就是"逢 N 进一"。

二进制、八进制和十六进制

1. 二进制

二进制数是用 0 和 1 两个数码来表示的数，如（1111 1011）$_2$ 表示二进制数，它的基数为 2，进位规则是"逢二进一"。

2. 八进制

八进制数是用 0～7 共 8 个数码来表示的数，如（167）$_8$，它的基数为 8，进位规则是"逢八进一"。

3. 十六进制

十六进制由 0～9 和 A～F 这 16 个字符表示，如（1AE）$_{16}$，它的基数是 16，进位规则是"逢十六进一"。

把十进制、二进制、八进制和十六进制对应起来形成进制转换表，如表 4-1 所示。

表 4-1 进制转换表

十进制	二进制	八进制	十六进制
0	0	0	0
1	1	1	1
2	10	2	2
3	11	3	3
4	100	4	4
5	101	5	5
6	110	6	6
7	111	7	7
8	1000	10	8
9	1001	11	9
10	1010	12	A
11	1011	13	B
12	1100	14	C
13	1101	15	D
14	1110	16	E
15	1111	17	F
16	10000	20	10
17	10001	21	11
18	10010	22	12
19	10011	23	13
……	……	……	……
31	11111	37	1F
32	100000	40	20
……	……	……	……
255	1111 1111	377	FF
256	10000 0000	400	100

因为篇幅，本表没有按顺序将所有进制间的转换关系列出来，读者可以自行列一下，以加深印象。一般在十六进制数前面加上"0x"，如 0xFF，表示十六进制数 FF。

由表 4-1 可以总结出如下规律。

（1）4 个二进制位和 1 个十六进制位可以表示的数刚好匹配。例如，4 个二进制位最大只能表示十进制的 15，而十六进制的一位最大是 F，也就是十进制的 15。为了表示十进制数字 16，二进制必须用到 5 位，为 10000；十六进制必须使用 2 位（这两位是两个十六进制的"2 位"），为 10。

（2）同理，8 个二进制位和 2 个十六进制位可以表示的数相同。而 8 个二进制位即为一个字节的长度，所以一个字节的长度即可表示 2 个十六进制位。

4.1.2 表示数据的字节和位

程序员编写的程序以及所使用的数据在计算机的内存中是以二进制位序

表示数据的字节
和位

列的方式存放的。典型的计算机内存段二进制位序列如下。

…00010001011100001001111000000101010101101010111100…

上面的二进制位序列里，每一位上的数字，要么是 0，要么是 1。在计算机中，位（bit）是含有值 0 或 1 的一个单元。在物理上，它的值是一个负电荷或是一个正电荷，也就是在计算机中可以通过电压的高低来表示一位所含有的值。如果是 0，则用低电压表示；如果是 1，则用高电压表示。

在上面的二进制位序列这个层次上，位的集合没有结构，很难解释这些序列的意义。为了能够从整体上考虑这些位，于是给这些位序列强加上了结构的概念，这样的结构被称作字节（Byte）和字（word）。通常，一个字节由 8 位构成，而一个字由 32 位构成，或者说是由 4 个字节构成的。

计算机中物理内存的空间是有限的。硬盘的空间也有限，现在的硬盘空间一般都已经超过了 500GB。在这里，512MB 和 320GB 是什么意思呢？这其实是一个简单的单位换算。

1 字节 ＝8 位

1K 字节 ＝1024 字节 ＝2^{10} 字节，也就是 1K= 1024

1M 字节 ＝1024K 字节 ＝1024 × 1024 字节 ＝2^{20}字节，也就是 1M ＝ 1024K

1G 字节 ＝1024M 字节 ＝1024 × 1024 × 1024 字节 ＝2^{30}字节，也就是 1G ＝ 1024M

4.2　数据类型

在前面的内容中，声明变量的时候需要指明数据类型，声明函数的时候，也需要指明函数返回值的数据类型。数据类型是对程序所处理的数据的"抽象"，将计算机中可能出现的数据进行一个分类，哪些数据可以归结为一类，哪些数据又可以归结为另一类。如整数 1、2、3、–1、–2、0、1000 等，归结为整数类型；带小数点的数据，如 12.1、2343.34、–234334.33 等，归结为实数类型。

数据类型

C 语言规定，在程序中使用的每一个数据，必须指定其数据类型，主要目的是便于在程序中对它们按不同的方式和要求进行处理。由于不同类型的数据在内存中占用不同大小的存储单元，因此它们所能表示的数据的取值范围各不相同。此外，不同类型的数据的表示形式及其可以参与的运算种类也有所不同。除整型、实型和字符型这 3 种基本数据类型以外，C 语言还提供了很多其他数据类型，C 语言中的数据类型分类如表 4-2 所示。

表 4-2　　　　　　　　　　　　　C 语言数据类型及分类

数据类型分类				关键字
数据类型	基本数据类型	整型	短整型	short int
			整型	int
			长整型	long int

续表

数据类型分类			关键字
基本数据类型	浮点型	单精度浮点	float
		双精度浮点	double
	字符型		char
数据类型	构造数据类型	数组	-
		结构体	struct
		共用体	union
		枚举类型	enum
	指针类型		-
	空类型		void

在 C 语言中，数据类型可分为基本数据类型、构造数据类型、指针类型和空类型四大类。

（1）基本数据类型：基本数据类型是最基础的简单数据类型，其值无法再分解为其他类型。

（2）构造数据类型：顾名思义，构造数据类型是根据已定义的一个或多个数据类型，用构造的方法来定义的。构造数据类型是由多个其他数据类型组合而成的，也就是说，一个构造类型的值可以分解成若干个“成员”或“元素”，其中每个“成员”要么是一个基本类型，要么是一个构造类型。在 C 语言中，构造类型有以下几种。

① 数组类型：所有元素都是同一类型的，即数组类型是多个同一数据类型元素的集合。

② 结构体类型：不同数据类型的组合。

③ 共用体类型：多个元素是不同数据类型的，但是共用一块内存。

（3）指针类型：指针类型是 C 语言中比较重要而且比较难以理解的知识点，但是本书已经将难点分散在各章的各节中，相信读者在学习的时候会很轻松地理解指针。

（4）空类型：空类型表示没有类型，主要用在与函数相关的地方以及与指针相关的地方。

（5）枚举类型：所谓“枚举”就是指把可能的值一一列举出来，变量的值只限于列举出来的值的范围内。

整型数据

4.2.1　整型数据

1. 整型数据的分类

本小节介绍最基本的整型类型。

（1）基本数据类型（int 型）。

编译系统分配给 int 型数据 2 个字节或 4 个字节（由具体的 C 语言编译系统自行决定）。如 Turbo C 2.0 为每一个整型数据分配 2 个字节（16 位），而 Visual C++2010 Express 为每一个整型数据分配 4 个字节（32 位）。在存储单元中的存储方式是：用整数的补码（complement）形式存放。

● 一个正数的补码是此数的二进制形式，如 5 的二进制形式是 101，如果用两个字节存放一个整数，则在存储单元中的数据形式如图 4-1 所示。

● 如果是一个负数，则应先求出负数的补码。求负数的补码的方法是：先将此数的绝对值写成二进制形式，然后对其后面所有各二进制位按位取反，再加 1。如-5 的补码如图 4-2 所示。

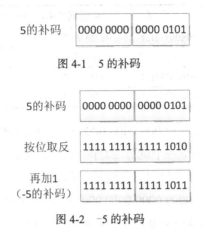

图 4-1　5 的补码

图 4-2　-5 的补码

在存放整数的存储单元中，最左边的一位是用来表示符号的，如果该位为 0，表示数值为正；如果该位为 1，表示数值为负。

有关补码的知识不属于本书的范围，在此不做深入介绍，如需进一步了解，可参考有关计算机原理的书籍。

如果给整型变量分配 2 个字节，则存储单元中能存放的最大值为 0111 1111 1111 1111，第 1 位为 0 代表正数，后面的 15 位全为 1，此数值是 32767（$2^{15}-1$），即十进制数范围是-32768～32767，超过此范围，出现数值的"溢出"，输出的结果显然不正确。

如果给整型变量分配 4 个字节（Visual C++ 2010 Express），则存储单元中能存放的最大值为 0111 1111 1111 1111 1111 1111 1111 1111，第 1 位为 0 代表正数，后面的 31 位全为 1，其能容纳的数值范围为-2^{31}～$(2^{31}-1)$，即-2147483648～2147483647，示例代码如下所示。整型变量赋值与输出如表 4-3 所示。

```
/*源文件: demo4_0.c*/
/*本程序演示整型变量的取值范围*/
#include <stdio.h>

int main(void)
{
    int x;/*定义变量x*/
    //x = 1;              /*字节从低到高由左向右排列为: 01 00 00 00*/
    //x = -1;             /*字节从低到高由左向右排列为: FF FF FF FF*/
    //x = 4294967295;     /*字节从低到高由左向右排列为: FF FF FF FF*/
    //x = 4294967296;     /*字节从低到高由左向右排列为: 00 00 00 00*/
    x = 4294967297;       /*字节从低到高由左向右排列为: 01 00 00 00*/

    printf("%x\n",&x);/*取变量 x 的地址*/
    printf("%d",x);/*取变量 x 的值*/
```

```
    return 0;
}
```

表 4-3   整型变量赋值与输出表

给整型变量 x 赋值	内存地址（4 个字节）	从低到高由左向右排列	x 的输出值
1	0x0019ff3c～0x0019ff3f	01 00 00 00	1
−1	0x0019ff3c～0x0019ff3f	FF FF FF FF	−1
4294967296	0x0019ff3c～0x0019ff3f	00 00 00 00	0
4294967297	0x0019ff3c～0x0019ff3f	01 00 00 00	1

4294967296 用二进制表示为 1 0000 0000 0000 0000 0000 0000 0000 0000，共 33 位。而一个 int 类型只有 32 位，"一个萝卜一个坑"，32 个"坑"对应了 33 个"萝卜"，看来有一个"萝卜"没有位置了，很不幸的是最高位没有位置了。真正存储的二进制数据是 1 后面的 32 个 0。"萝卜"放进"坑"里就变成：0000 0000 0000 0000 0000 0000 0000 0000。

4294967297 用二进制表示是 1 0000 0000 0000 0000 0000 0000 0000 0001，放在"萝卜坑"里后变成：0000 0000 0000 0000 0000 0000 0000 0001，所以结果为 1。

（2）短整型（short int）。

类型名为 short int 或 short。如用 Visual C++2010 Express，编译系统分配给 int 数据 4 个字节，短整型 2 个字节。存储方式与 int 型相同。一个短整型变量的取值范围是 −32768～32767。

（3）长整型（long int）。

类型名为 long int 或 long。一个 long int 型变量的值的范围是 $-2^{31} \sim (2^{31}-1)$，即 −2147483648～2147483647（Visual C++2010 Express），编译系统分配给 long 数据 4 个字节。

2. 整型变量的符号属性

以上介绍的几种类型，变量值在存储单元中都是以补码形式存储的，存储单元中的第 1 个二进制位代表符号。整型变量的值的范围包括负数到正数，如表 4-4 所示。

表 4-4   整型数据常见的存储空间和值的范围（Visual C++2010 Express）

类型	字节数	取值范围
int（基本整型）	4	−2147483648～214483647，即 $-2^{31} \sim (2^{31}-1)$
unsigned int（无符号基本整型）	4	0～4294967295，即 $0 \sim (2^{32}-1)$
short（短整型）	2	−32768～32767，即 $(-2^{15} \sim 2^{15}-1)$
unsigned short（无符号短整型）	2	0～65535，即 $0 \sim (2^{16}-1)$
long（长整型）	4	−2147483648～2147483647，即 $-2^{31} \sim (2^{31}-1)$
unsigned long（无符号长整型）	4	0～4294967295，即 $0 \sim (2^{32}-1)$

在实际应用中，有的数据的范围常常只有正值（如学号、年龄、库存量、存款额等）。为了充分利用变量的值的范围，可以将变量定义为"无符号"类型。可以在类型符号前面加上修饰符 unsigned，表示指定该变量是"无符号类型"。如果加上修饰符 signed，则是"有符号类型"。因此，在以上 3 种整型数据的基础上可以扩展出以下 6 种整型数据。即

有符号基本整型	[signed] int;
无符号基本整型	unsigned int;
有符号短整型	[signed] short [int];
无符号短整型	unsigned short [int];
有符号长整型	[signed] long [int];
无符号长整型	unsigned long [int]。

以上方括号表示其中的内容是可选的，既可以有，也可以没有。如果既未指定为 signed，也未指定为 unsigned，则默认为"有符号类型"，如 signed int a 和 int a 等价。

有符号整型数据在存储单元中的最高位代表符号（0 为正，1 为负）。如果指定为 unsigned（无符号）型，存储单元中全部的二进制位都用来存放数值本身，且没有符号。无符号型变量只能存放不带符号的整数，如 123、4687 等，而不能存放负数，如-123、-3 等。由于左边的最高位不再用来表示符号，而用来表示数值，因此无符号整型变量中可以存放的正数的范围比一般整型变量中正数的范围大一倍。在程序中定义 a 和 b 两个短整型变量（占 2 个字节），其中 b 为无符号短整型，代码如下所示。

```
short a;          //a 为有符号短整型变量
unsigned short b;//b 为无符号短整型变量
```

则变量 a 的数值范围为-32768~32767，而变量 b 的数值范围为 0~65535。图 4-3（a）表示有符号整型变量 a 的最大值为 32767，图 4-3（b）表示无符号整型变量 b 的最大值为 65535。

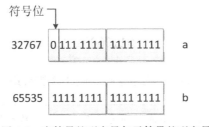

图 4-3　有符号整型变量与无符号整型变量

4.2.2　字符型数据

字符型数据

由于字符是按其代码（整数）形式存储的，因此可以把字符型数据作为整数类型的一种。但是，字符型数据在使用上有自己的特点，因此把它单独列为一小节来介绍。

1. 字符与字符代码

程序并不是都能识别任意写的一个字符。例如，圆周率 π 在程序中是不能识别的，只能使用系统的字符集中的字符，目前大多数系统采用 ASCII 码字符集。各种字符集（包括 ASCII 码字符集）的基本集都包括了 127 个字符。其中包括以下字符。

- 字母：大写英文字母 A~Z，小写英文字母 a~z。

- 数字：0～9。
- 专门符号：29 个，如下所示。

! " # & ' ( ) * + , - . / : ; < = > ? [\ ] ^ _ ` { | } ~

- 空格符：空格、水平制表符（tab）、垂直制表符、换行、换页（form feed）。
- 不能显示的字符：空（null）字符（以 "\0" 表示）、警告（以 "\a" 表示）、退格（以 "\b" 表示）、回车（以 "\r" 表示）等。

详见附录 A（ASCII 码字符表）。这些字符用来写英文文章、材料或编写程序基本够用了。

在前面已说明，字符是以整数形式（字符的 ASCII 码）存放在内存单元中的。例如：

- 大写字母 "A" 的 ASCII 码是十进制数 65，二进制形式为 1000001；
- 小写字母 "a" 的 ASCII 码是十进制数 97，二进制形式为 1100001；
- 数字字符 "1" 的 ASCII 码是十进制数 49，二进制形式为 0110001；
- 空格字符 " " 的 ASCII 码是十进制数 32，二进制形式为 0100000；
- 专用字符 "%" 的 ASCII 码是十进制数 37，二进制形式为 0100101；
- 转义字符 "\n" 的 ASCII 码是十进制数 10，二进制形式为 0001010。

可以看到，以上字符的 ASCII 码最多用 7 个二进制位就可以表示。127 个字符都可以用 7 个二进制位表示（ASCII 码为 127 时，二进制形式为 1111111，7 位全为 1）。所以在 C 语言中，指定用 1 个字节（8 位）存储一个字符。此时，字节中的第 1 位置为 0。

如小写字母 "a" 在内存中的存储情况如图 4-4 所示（"a" 的 ASCII 码是十进制数 97，二进制数为 01100001）。

01100001

图 4-4　小写字母 a 在内存中的存储情况

注意

字符 "1" 和整数 1 是不同的概念。字符 "1" 只是代表一个形状为 "1" 的符号，在需要时按原样输出，在内存中以 ASCII 码形式存储，占 1 个字节，如图 4-5 所示。而整数 1 是以整数形式（二进制补码方式）存储的，占 4 个字节，如图 4-6 所示。

01100001

图 4-5　字符 1 在内存中的存储情况

| 0000 0000 | 0000 0001 |

图 4-6　整数 1 在内存中的存储情况

整数运算 1+1 等于整数 2，而字符 "1"+"1" 并不等于整数 2 或字符 "2"，而是等于 ASCII 码为 98 的字符 "b"。

2. 字符变量

字符变量是用类型符 char 定义的。char 是英文 character（字符）的缩写，见名即可知意，如下所示。

```
char c='?';
```

定义 c 为字符变量，并使初值为字符"'?'"。"'?'"的 ASCII 码是 63，系统把整数 63 赋给变量 c。

c 是字符变量，实际上是一个字节的整型变量，由于它常用来存放字符，所以称为字符变量。可以把 0～127 的整数赋给一个字符变量。

在输出字符变量的值时，可以选择以十进制整数形式输出，或以字符形式输出，如下所示。

```
printf("%d %c\n",c,c);
```

输出结果如下所示。

```
63  ?
```

用"%d"格式输出十进制整数 63，用"%c"格式输出字符"'?'"。

4.2.3　实数类型

实数类型

在计算机中表示整数比较简单，但表示带有小数点的数据却稍微麻烦了一些。如何确定小数点的位置呢？通常有两种方法：一种是规定小数点的位置固定不变，称为定点数；另一种是小数点的位置不固定，可以浮动，称为浮点数。在计算机中，通常是用定点数来表示整数和纯小数，分别称为定点整数和定点小数。对于既有整数部分又有小数部分的数，一般用浮点数表示。这种表达方式利用科学计数法来表示实数，即用一个尾数、一个基数、一个指数以及一个表示正负的符号来表示实数。例如，123.45 用十进制科学计数法可以表示为 1.2345×10^2，用科学计数法表示为 1.2345e2。其中 1.2345 为尾数，10 为基数，2 为指数。浮点数利用指数达到了浮动小数点的效果，从而可以灵活地表示更大范围的实数。

C 语言中，实数类型使用浮点数表示，这是为了节省内存，C 语言实型数据分为单精度（float）和双精度（double）。在一般的系统中，一个 float 型数据占用 4 个字节（32 位）的存储单元，一个 double 型数据占用 8 个字节（64 位）的存储单元。

在 IEEE754 标准中进行了单精度浮点数（float）和双精度数浮点数（double）的定义。float 有 32 位，double 有 64 位。它们的构成包括符号位、指数位和尾数位。浮点型数据及其数值范围和构成如表 4-5 所示。

表 4-5　　　　　　　　　　　　　浮点型数据及其数值范围和构成

类型	字节数	有效数字	取值范围	符号位	指数位	尾数位
float	4	7	0 以及 1.2×10^{-38}～3.4×10^{38}	第 31 位（占 1 位）	第 30～3 位（占 8 位）	第 22～0 位（占 23 位）
double	8	16	0 以及 2.3×10^{-308}～1.7×10^{308}	第 63 位（占 1 位）	第 62～52 位（占 11 位）	第 51～0 位（占 52 位）

提示

float 的尾数位是 23bit，即 $2^{23} = 8388607$，这意味着最多能有 7 位有效数字，但绝对能保证的为 6 位，也即 float 的精度为 6～7 位有效数字。同理，double 有效数字是 15～16 位。

将同一实型数据分别赋值给单精度实型和双精度实型变量，然后输出。

```
/*源文件: demo4_1.c*/
#include <stdio.h>

int main(void)
{
    float a;
    double b;

    a = 123456.789e4;
    b = 123456.789e4;

    printf("%f\n%f\n",a,b);

    return 0;
}
```

程序的运行结果如下所示。

```
1234567936.000000
1234567890.000000
```

为什么将同一个实型常量赋值给单精度实型（float 型）变量和双精度实型（double）变量后，输出的结果会有所不同呢？这是因为 float 型变量和 double 型变量所接收的实型常量的有效数字位数是不同的。一般而言，double 型变量可以接收实型常量的 16 位有效数字，而 float 型变量仅能接收实型常量的 7 位有效数字，在有效数字后面输出的数字都是不准确的。例如，输出的 float 型变量的值的 7 位有效数字后面的数字都是不准确的。我们注意到，这个程序在 Visual C++ 2010 Express 下编译时会显示如下一条信息。

```
warning C4305: '=' : truncation from 'const double ' to 'float '
```

这个警告指出将 double 型常量赋值给 float 型变量时将发生数据阶段错误，从而产生误差。

4.2.4 数据类型转换

数据类型转换

类型转换分为自动转换和强制转换两类。自动转换是由 C 语言的编译系统自动完成的，强制转换是通过强制类型转换运算符实现的，C 语言程序设计人员必须了解这种自动类型转换的规则及结果，否则容易引起对程序执行结果的误解。

1. 表达式中的自动类型转换

在 C 语言中，表达式中相同类型的操作数进行运算的结果类型与操作数类型相同。当表达式中的操作数的类型不相同时，则在运算之前，C 语言编译器先将所有操作数都转换成同一类型，即转换成占内存字节数最大的操作数的类型，这称为类型提升（Type Promotion）。

C 语言允许进行整型、实型、字符型数据的混合运算，但在实际运算时，要先将不同类型的数据转换成同一类型再进行运算。这种类型转换的一般规则如图 4-7 所示。

图中横向向左的箭头，表示必需的转换。char 和 short 型必须转换成 int 型，float 型必须转换成 double 型。纵向向上的箭头，表示不同类型的转换方向。例如，int 型和 double 型数据进行混合运算，则先将 int 型转换成 double 型，然后在两个同类型的数据间进行运算，结果为 double 型。

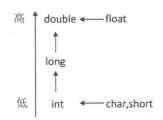

图 4-7　数据类型转换的一般规则

在赋值过程中，赋值运算符左边变量的类型和赋值运算符右边值的类型不一致时，要进行类型转换，转换规则为：赋值运算中最终结果的类型以赋值运算符左边变量的类型为准，即赋值运算符右边表达式值的类型向左边变量的类型看齐，并进行相应的转换。

例如，设有如下变量定义。

```
int a,j,y;
float b;
long d;
double c;
y = j + 'a' + a * b -c / d;
```

其运算次序和隐式的类型转换如下。

（1）计算 a*b，由于变量 b 为 float 型，所以运算时先由系统自动转换为 float 型，变量 a 为 int 型，两个运算对象要保持类型一致，所以变量 a 也要转换为 float 型，运算结果为 float 型。

（2）由于 c 为 double 型，所以将 d 转换成 double 型，再计算 c/d，结果为 double 型。

（3）计算 j + 'a'，先将'a'（char 型）转换成 int 型再与 j 相加，结果为 int 型。

（4）将第 3 步的结果和第 1 步的结果相加，先将第 3 步的结果（int 型）转换成 float 型再进行运算，结果为 float 型。

（5）用第 4 步的结果减第 2 步的结果，结果为 double 型。

（6）给 y 赋值，先将第 5 步的结果 double 型转换为 int 型（因为赋值运算左边变量 y 为 int 型），即将 double 型数据的小数部分截掉，转换成 int 型，然后进行赋值。

以上步骤中的类型转换都是 C 语言编译系统自动完成的，是"隐式的"类型转换。

2．赋值中的自动类型转换

在一个赋值语句中，若赋值运算符左侧（目标侧）变量的类型和右侧表达式值的类型不一致，则赋值时将发生自动类型转换。自动类型转换的规则是：将右侧表达式的值转换成左侧变量的类型。

分析程序运行结果。

```
/*源文件：demo4_2.c*/
#include <stdio.h>

int main(void)
{
```

```
    int i = 5;
    float a = 31.5, a1;
    double b = 123456789.123456789;
    char c = 'A';
    //输出 i,a,b,c 的初始值
    printf("i = %d, a=%f, b=%lf, c=%c\n", i, a, b, c);
    //整型变量 i 的值赋值给实型变量 a1
    a1 = i;
    //实型变量 a 的值赋给整型变量 i
    i = a;
    //双精度型变量 b 的值赋给实型变量 a
    a = b;
    //整型变量 i 的值赋给字符变量 c
    c = i;
    //输出 i,a,a1,c 赋值以后的值
    printf("i = %d, a=%f, a1=%lf, c=%c\n", i, a, a1, c);

    return 0;
}
```

程序的运行结果如下所示。

```
i = 5, a=31.500000, b=123456789.123457, c=A
i = 31, a=123456792.000000, a1=5.000000, c=▼
```

由上述例题，可看出如下的常用转换规则。

（1）将 int 型数据赋值给 float 型变量时，先将 int 型数据转换为 float 型数据，并以浮点数的形式存储到变量中，其值不变。例如，"a1=i;"执行后的结果是，整型数据 i 的值 5 先转换为 5.000000，赋值给实型变量 a1。

（2）将 float 型数据赋值给 int 型变量时，先将 float 型数据舍去其小数部分，然后再赋值给 int 型变量。例如，"i=a;"执行后的结果是，int 型变量 i 只取实型数据 a 的值 31.5 的整数部分 31。

（3）将 double 型实数赋值给 float 型变量时，先截取 double 型实数的前 7 位有效数字，然后再赋值给 float 型变量。例如，"a=b;"执行后的结果是，截取 double 型实数 123456789.123457 的前 7 位有效数字 1234567，然后再赋值给 float 型变量。上述输出结果中 a=123456792.000000 的第 7 位以后就是近似数据了。所以一般不使用这种方法把有效数字多的数据赋值给有效数字少的变量。

（4）将 int 型数据赋值给 char 型变量时，由于 int 型数据用两个字节表示，而 char 型变量只用一个字节表示，所以先截取 int 型数据的低 8 位，然后赋给 char 型变量。例如，上述程序中执行"i=a;"后 int 型变量 i 的结果是 31；而"c=i;"执行后的结果是，截取 i 的低 8 位（二进制数 00011111）赋值给 char 型变量，将其 ASCII 码对应的字符输出为▼。

从上面的例子可以看出，C 语言支持类型自动转换机制，虽然这样能给程序员带来方便（例如，方便了取整运算），但更多的情况可能是给程序员带来了错误的隐患，在某些情况下有可能会发生数据丢失、类型溢出等错误。赋值中常见的自动类型转换如表 4-6 所示。

表 4-6　　　　　　　　　　　　　　　　　赋值中常见的自动类型转换

左侧变量（目标）类型	右侧表达式的类型	可能丢失的信息
signed char	char	当值大于 127 时，目标值为负值
char	short	高 8 位
char	int（16 位）	高 8 位
char	int（32 位）	高 24 位
char	long	高 24 位
short	int（16 位）	无
short	int（16 位）	高 16 位
int（16 位）	long	高 16 位
int（32 位）	long	无
int	float	小数部分（非四舍五入，在某些情况下整数部分的精度也会丢失）
float	double	精度，结果舍入
double	long double	精度，结果舍入

　　一般而言，将取值范围小的类型转换为取值范围大的类型是安全的，反之则是不安全的，好的编译器会发出警告。因此，一方面程序员要恰当选取数据类型，以保证数值运算的正确性；另一方面如果确实需要在不同类型数据之间进行运算时，应当避免使用这种隐式的自动类型转换，建议使用下面介绍的强制类型转换运算符，以显式地表明程序员的意图。

3. 强制类型转换运算符

　　使用强制类型转换（Csting）运算符，可将一个表达式值的类型强制转换为用户指定的类型，它是一个一元运算符，与其他一元运算符具有相同的优先级。使用下面的方式可以把表达式值的类型转换为任意类型。

(类型) 表达式

　　强制类型转换就是明确地表明程序打算执行哪种类型转换，有助于消除因自动类型转换而导致的程序隐患。

　　下面的程序演示了强制类型转换运算符的使用方法。

```
/*源文件: demo4_3.c*/
1: #include <stdio.h>
2: main()
3: {
4:     int m=5;
5:     printf("m/2 = %d\n", m/2);
6:     printf("(float)(m/2) = %f\n", (float)(m/2));
7:     printf("(float)m/2 = %f\n", (float)m/2);
8:     printf("m = %d\n", m);
9: }
```

　　程序的运行结果如下所示。

```
m/2 = 2
(float)(m/2) = 2.000000
```

```
(float)m/2 = 2.500000
m = 5
```

程序第 5 行中的表达式"m/2"是整数除法运算，其运算结果仍为整数，因此输出的第 1 行结果是 2。

程序第 6 行中的表达式"(float)(m/2)"是将表达式"(m/2)"的结果（已经舍去了小数位）强制转换为实型数据（在小数位添加了 0），因此输出的第 2 行结果是 2.000000，可见这种方法并不能真正获得 m 与 2 相除后的小数部分的值。为了获得 m 与 2 相除后的实数商，需执行第 7 行中的表达式。

程序第 7 行中，先用"(float)m"将 m 的值强制转换为实型数据，然后再将这个实型数据与 2 进行浮点数除法运算，因此输出的第 3 行结果是 2.500000。由于"(float)m"只是将 m 的值强制转换为实型数据，它并不能改变变量 m 的数据类型，因此输出的最后一行结果仍然是 5。

4.3 常量

在程序运行过程中，其值不能被改变的量称为常量，如 5、9、32、10000.0036 等。数值常量就是数学中的常数。

常量

常用的常量有以下几类。

（1）整型常量。如 1000、12345、0、-12 等都是整型常量。

C 语言程序中的整型（Integer）常量通常用我们熟悉的十进制（Decimal）数来表示，但事实上它们都是以二进制形式存储在计算机内存中的。用二进制数表示不直观方便，因此有时也将其表示为八进制（Octal）和十六进制（Hexadecimal）形式，编译器会自动将其转换为二进制形式存储。

（2）实型常量。有以下两种表示形式。

① 十进制小数形式，由数字和小数点组成，如 123.456、0.234、-34.23 等。

② 指数形式，如 12.34e3（代表 12.34×10^3）。由于在计算机输入或输出时，无法表示上角或下角，因此规定以字母 e 或 E 代表以 10 为底的指数。但应注意：e 或 E 之前必须有数字，且 e 或 E 的后面必须为整数，如不能写成 e4、12e2.5。

（3）字符常量。有以下两种形式的字符常量。

① 普通字符，用单引号括起来的一个字符，如'a'、'Z'、'3'、'? '，不能写成'ab'或'12'。请注意：单引号只是界限符，字符常量只能是一个字符，不包括单引号。字符常量存储在计算机的存储单元中时，并不是存储字符本身，而是以其代码（一般采用 ASCII 码）形式存储的，例如，字符'a'的 ASCII 码是 97，因此，在存储单元中存放的是 97（以二进制形式存放）。ASCII 码字符与代码对照表见附录 A。

② 转义字符，除了以上形式的字符常量外，C 语言还允许用一种特殊形式的字符常量，就是以字符"\"开头的字符序列。例如，前面已经遇到过的在 printf 函数中的"\n"，表示一个换行符；"\t"表示将输出的位置跳到下一个 tab 位置（制表位置），一个 tab 位置为 8 列。这是一

种在屏幕上无法显示的"控制字符",在程序中也无法用一个一般形式的字符来表示,只能采用这样的特殊形式来表示。

常用的以"\"开头的转义字符如表 4-7 所示。

表 4-7　　　　　　　　　　　　　　转义字符及其作用

转义字符	字符值	输出结果
\'	一个单引号	具有此八进制码的字符
\"	一个双引号	输出此字符
\?	一个问号	输出此字符
\\	一个反斜线	输出此字符
\a	警告（alert）	产生声音或视觉信号
\b	退格	将当前位置后退一个字符
\f	换页	将当前位置移到下一页的开头
\n	换行	将当前位置移到下一行的开头
\r	回车	将当前位置移到本行的开头
\t	水平制表符	将当前位置移到下一个 tab 位置
\v	垂直制表符	将当前位置移到下一个垂直制表对齐点
\o、\oo、\ooo 其中 o 代表一个八进制数字	与该八进制码对应的 ASCII 字符	与该八进制码对应的字符
\xh[h...] 其中 h 代表一个十六进制数字	与该十六进制码对应的 ASCII 字符	与该十六进制码对应的字符

表 4-7 中列出的字符成为"转义字符",意思是将"\"后面的字符转换成另外的意义。如"\n"中的"n"不代表字母 n 而作为"换行"符。

表 4-7 中倒数第 2 行是一个以八进制数表示的字符,例如\101'代表八进制数 101 的 ASCII 字符,即'A'（八进制数 101 相当于十进制数 65,从附录 A 可以看到 ASCII 码为 65 的字符是大写字母'A'）。'\012'代表八进制数 12（即十进制数的 10）的 ASCII 码所对应的字符"换行"符。

表 4-7 中倒数第 1 行是一个以十六进制数表示的 ASCII 字符,如'\x41'代表十六进制数 41 的 ASCI 字符,也就是'A'（十六进制数 41 相当于十进制数 65）。

用表 4-7 中的方法可以表示任何可显示的字母字符、数字字符、专用字符、图形字符和控制字符。如'\033'或'\x1B'代表 ASCII 码为 27 的字符,即"ESC 控制符"。'\0'或'\000'是代表 ASCII 码为 0 的控制字符,即"空操作"字符,它常用在字符串中。

（4）字符串常量。

如"boy""123"等,用双引号把若干个字符括起来,字符串常量是双引号中的全部字符。注意不能错写成"'china'""'42'"。单引号内只能包含一个字符,双引号内可以包含一个字符串。

（5）符号常量。

用#define 指令,指定用一个符号名称代表一个常量,如下所示。

```
#define PI 3.1416 //注意行末没有分号
```

经过以上的指定后,本文件中从此行开始的所有 PI 都表示 3.1416。在对程序进行编译前,预处理器先对 PI 进行处理,把所有 PI 全部置换为 3.1416。这种用一个符号名代表一个常量的,称为"符号常量"。在预编译后，符号常量已全部变成字符常量。使用符号常量有以下好处。

① 含义清楚。看程序时从 PI 就可大致知道它表示圆周率。在定义符号常量名时应尽量使其能顾名思义。在一个规范的程序中不提倡使用很多的常数，如 sum=15*30*23.5*43。在检查程序时搞不清楚各个常数究竟代表什么时应尽量使用顾名思义的变量名和符号常量。

② 在需要改变程序中多处用到的同一个常量时，能做到"一改全改"。例如，在程序中多处用到某物品的价格，如果价格用一常数 30 表示，则在价格调整为 40 时，就需要在程序中做多处修改。若用符号常量 PRICE 表示价格，只需改动一处即可，如下所示。

```
#define PRICE 40
```

4.4 变量

读者现在对变量应该不陌生了。变量和常量相对，常量就是常数，不会变化，如果将数值作为常量写入代码中，将永远不会改变；变量会变化，变量之所以会变，是因为其存储空间允许它变，C 语言通过变量名来引用该变量的值。

变量

4.4.1 变量概述

变量代表一个有名字的、具有特定属性的存储单元。它用来存放数据，也就是存放变量的值。在程序运行期间，变量的值是可以改变的。

为什么要使用变量呢？编写程序时，常常需要将数据存储在内存中，方便后面使用这个数据或者修改这个数据的值，使用变量可以引用存储在内存中的数据，并随时根据需要显示数据或执行数据操作。

由于变量的实质是内存中的一个存储单元，每个变量在计算机中对应相应长度的存储空间，因此在使用变量前应向系统申请存储单元，这一过程就是定义变量的过程。

变量必须先定义，后使用。其一般格式如下。

```
数据类型 变量名1,变量名2,...,变量名n;
```

在定义时指定该变量的类型和名字。变量的类型决定了变量的长度，变量的名字用来被引用。

在使用变量的时候需要注意以下几点。

（1）数据类型有且只有一个。

（2）区分变量名和变量值这两个不同的概念。"a = 2;"中，a 是变量名；2 是变量 a 的值，即存放在变量 a 的内存单元中的数据。变量名实际上是以一个名字代表的一个存储地址。

（3）允许同时定义多个变量，各变量名之间用逗号分隔。数据类型和变量名之间至少有一个空格。

（4）变量定义必须放在变量使用之前，必须放在函数开头部分。

（5）在定义变量的同时可以进行赋初值的操作，从而初始化变量。变量初始化的一般格式如下。

数据类型 变量名 1=初值 1,变量名 2=初值 1,...,变量名 n=初值 n;

在定义的同时对部分变量赋初值，如下所示。

```
float radius = 2.5,length,area;
```

在定义的同时对全部变量赋初值，如下所示。

```
float radius = 2.5,length = 2.5, area = 2.5//正确
float radius = length = area = 2.5;//错误
```

为了使读者对变量名、变量的地址和变量的值有一个直观的认识，下面做一个试验，请读者仔细观察，代码如下所示。

```
/*源文件: demo4_4.c*/
/*本程序演示变量的地址和变量的值*/
#include <stdio.h>

void main(void)
{
    int x;/*定义变量 x*/
    int y;/*定义变量 y*/
    x=0x76543210;              /*字节从低到高由左向右排列为: 10 32 54 76*/
    y=0xfedcba98;              /*字节从低到高由左向右排列为: 98 ba dc fe*/

    printf("\n%x", &y);        /*取变量 y 的地址*/
    printf("\n%d %d", x, y);   /*取变量 x、y 的值*/
}
```

上面代码中定义了两个变量 x 和 y，然后 x 赋值为 0x76543210，y 赋值为 0xfedcba98。因为两个十六进制位占据一个字节，所以对 0x76543210 这个数来说，可以拆分成 4 个字节，分别是 0x76、0x54、0x32 和 0x10。变量 x 在内存中的起始地址是 0x0019FF3C，那么 x 在内存中的存放如图 4-8 所示。

Memory				
Address:	0x0019FF38			
0019FF38	98 BA DC FE	榠荣	^
0019FF3C	10 32 54 76	. 2Tv	
0019FF40	80 FF 19 00	....	
0019FF44	39 12 40 00	9.@.	
0019FF48	01 00 00 00	....	
0019FF4C	48 16 8C 00	H...	v

图 4-8　int 型变量在内存中的存放

变量的地址是编译时分配的，用户不必关心具体的地址是多少，在需要得到变量地址的时候，可使用 C 语言提供的取变量地址的方法。

　　"printf("\n%x",&y);"这行代码，符号&用于取变量的地址，&y 就是取变量 y 在内存中的地址。由于地址是一个整数编号，所以可以用整型输出出来。%x 是指将后面的整数用十六进制的形式输出出来，当然是不带"0x"前缀的形式。代码输入完毕，

编译通过后，操作过程如下。

（1）设置断点。在 Visual C++2010 Express 环境下，将光标移动到"printf("\n%d %d",x,y);"这行代码上，设置断点，进入调试模式。

（2）调试运行，程序将在设置的断点处暂停，而变量 y 的地址将被输出在屏幕上，如图 4-9 所示。

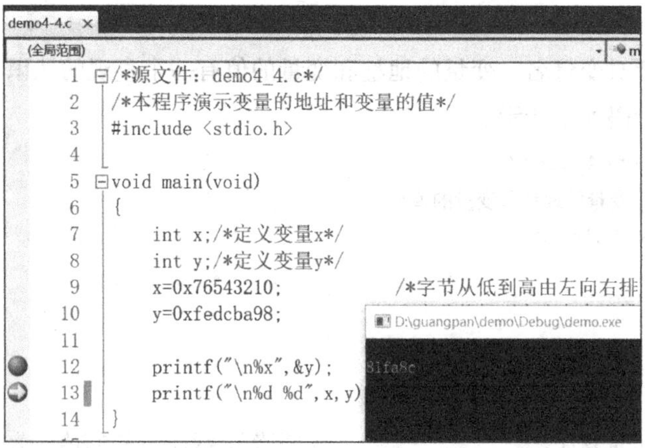

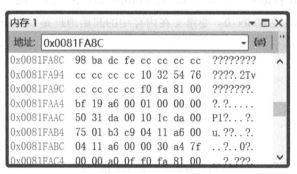

图 4-9　调试运行，输出变量 y 的地址

输出出来的数字是"81fa8c"，这个明显不是变量 y 的值，而是变量 y 在内存中的地址，y 的值就存储在这个内存地址所指的空间里。在不同的计算机上，得到的数值不一定是相同的，就算在同一台计算机上，在不同时间运行的结果可能也不同。

（3）查看内存中的值。弹出"Memory"（内存）对话框，如图 4-10 所示。

图 4-10　调试状态下观察内存

在内存窗口中，在地址栏中输入"0x0081FA8"，按 Enter 键，将显示从地址 0x0081FA8C 开始的一片内存中的数据。显示的内存分为 3 栏，最左边是地址栏，标注了当前行的地址，地址用十六进制数表示。中间栏就是内存中存放的实际数据。每两个十六进制数表示一个字节。右边一栏是用字符方式显示的内存中的值。如果内存中的值刚好是可以显示的字符，则在右边可以清楚地看到。变量 y 的地址是 0x0081FA8C，图 4-10 所示显示了变量 y 在内存中的数据。

可以清楚地看到变量 y 的值为 0xfedcba98，按照字节方式从低到高排列，刚好是 0x98、0xBA、0xDC、0xFE。

（4）结束测试。读者可以修改代码中变量 x 和 y 的值，然后按照上面的方式查看，是否和内存中的值相同。在 Visual C++2010 Express 环境中，可以在暂停状态下，修改内存中的数值，然后运行程序，最后输出出来的数就是修改后的数。也可以证明，变量的值存储在内存中，并且通过地址可以找到这些值。

4.4.2　为变量赋初值

程序设计中，经常需要对一些变量预先设定初值。所谓初值，就是分配内存后填入的第一个值。

（1）C 语言规定，在声明变量的时候，可以给变量赋初值，如下所示。

```
int      i_numbers = 3;     /*声明 i_numbers 为整型变量，初值为 3*/
float    f_price   = 12.9;  /*声明 f_price 为实型，初值为 12.9*/
char     c_letter  = 'c';   /*声明 c_letter 为字符型，初值为'c'*/
```

对系统来说，类似 int i_numbers=3;的语句，系统分如下几步操作：

① 编译器添加一个变量名到变量符号表中；

② 编译器在内存中分配一个 4 字节的内存块；

③ 编译器在变量符号表中关联刚分配的内存块的首地址和变量名；

④ 运行时，执行到这条语句，将初值 3 填入分配的内存块中。

后面再用到变量 i_numbers 时，系统查找变量符号表，得到地址，从地址中得到变量的值。于是访问变量名就可以得到变量的值了。

如果仅仅是声明变量，如 "int x;"，是不会给 x 分配内存的。只有当访问到 x 的时候，才真正分配内存。

（2）一行可以声明多个变量，可以只给某个变量赋初值，而不给其他变量赋初值，如下所示。

```
int i_a = 3, i_b;/*声明 2 个变量，只给 i_a 赋初值*/
int i_c, i_d = 2;/*声明 2 个变量，只给 i_d 赋初值*/
```

赋初值不是在编译阶段完成的。编译阶段的编译器仅仅是建立变量符号表和分配内存，赋初值是在运行程序时、执行到赋初值这条语句的时候进行的，也就是以下语句。

```
int i_numbers=3;
```

相当于两条语句，如下所示。

```
int i_numbers;
i_numbers=3;
```

（3）在程序运行时进行赋值。

```
int a, b;
a = 3;
b = 4;
```

（4）如果对几个变量赋予同一个值，则可以写成如下所示的形式。

```
int x, y, z;
x = y = z = 10;
```

（5）可利用函数 scanf 从键盘上输入值。

```
double d1,d2;
scanf("%f%f", &d1, &d2);
```

给变量赋初值是一个好的编程习惯，很多 bug 是因为忘记给变量赋初值而造成的。

4.4.3　变量使用时常见的错误

变量是程序中使用最多的数据，它可以保存程序中处理的数据。由于其使用灵活，在使用中常常出现一些错误，下面是一个变量名拼错和未声明变量的例子。

```
/*源文件: demo4_5.c*/
#include "stdio.h"
main()
{
    char student;
    float score;
    num=11015;//非法变量
    stadent='a';
    score=80;
    /*错误代码*/
    printf("the num %ld the student %c\'s score %f",num,stadent,score);
}
```

编译时的错误提示如下。

```
error C2065: 'num' : undeclared identifier
error C2065: 'stadent' : undeclared identifier
```

出错的原因是变量 num 没有先定义就使用，而变量 student 有定义但使用时误写为 stadent，也相当于变量没有定义，编译时会出错。只需定义变量 num，输出时把变量 stadent 的名称改为 student 即可解决这些问题。下面的代码是一个变量在使用前未赋值的例子。

```
/*源文件: demo4_6.c*/
#include "stdio.h"
void main()
{
    int num;
    printf("%d\n", num);/*没有赋初值*/

    return;
}
```

编译时的提示信息如下。

```
warning C4700: local variable 'num' used without having been initialized
```

这样使用变量，编译系统只给出警告提示。因为变量中不是没有数据，而是数据是随机的，这样使用变量在复杂的程序中可能产生莫名的错误。所以在使用时一定要注意，变量在使用前一定要赋初值。

4.4.4　几个与变量相关的经典算法

几乎每个程序都会使用到变量，因为程序就是处理数据的，而数据必须存储在变量中。本小节仅列举几个简单的使用变量的例子，这些例子都比较经典，请读者深刻理解并记住。

1．累加和累乘

所谓累加，就是将一系列的数字依次相加，最后得到一个结果。如计算 1+2+3+4+5，代码如下所示。

```
/*源文件：demo4_7.c*/
/*本程序演示变量累加算法*/
#include <stdio.h>

void main(void)
{
    int x;
    x=0;        /*从这里开始进行累加*/
    x=x+1;      /*累加第 1 个数*/
    x=x+2;      /*累加第 2 个数*/
    x=x+3;      /*累加第 3 个数*/
    x=x+4;      /*累加第 4 个数*/
    x=x+5;      /*累加第 5 个数*/
    printf("\n1+2+3+4+5=%d",x);/*输出 x 最终的值*/
}
```

编译运行，结果如下。

```
1+2+3+4+5=15
```

不要认为这道算术题如此简单，让计算机来计算是大材小用。要知道，一些简单的算术计算，可以帮助读者掌握编程中的一些基本技巧，并锻炼编程能力，为今后真正开发软件打好基础。

```
x = 0;
```

先给 x 赋初值为 0，重点关注这行代码。

```
x = x + 1;
```

这行代码使用到了一个非常经典的累加算法。这行代码是一条赋值语句，就是将赋值号 "=" 右边计算后所得的值，赋给左边的变量。这里的符号 "=" 是 C 语言中的赋值号，不是数学里表示相等的等号。该语句的运算过程如下。

① 先计算 x+1 的值，计算得到数值 1。

② 将 x+1 的值，也就是 1，赋给变量 x。变量 x 现在的值是 1。

来仔细分析一下这个过程。

在运行该语句之前，变量 x 的值是 0。这个是赋的初值。

计算 x+1 的步骤如下。

① 将初值 0 赋给 x。

② CPU 计算 0+1，得到 1。

然后将 1 赋给变量 x,此时变量 x 的值变为 1。

```
x=x+2;
```

同样，这也是一个累加，取得变量 x 的值为 1，与 2 相加后赋给 x，x 的值是 3。

```
x=x+3;
```

同样，这也是一个累加，取得变量 x 的值为 3，与 3 相加后赋给 x，x 的值是 6。

就这样一直累加下来，最后得到 1+2+3+4+5 的值为 15。使用类似 x=x+c 的方式，就将数字累加起来，这就像一个篮子，接收了所有放进去的东西。

注意　累加算法必须先使 x=0，然后才能进行累加。

累乘和累加相似，如计算 $1×2×3×4×5$，代码如下所示。

```
/*源文件: demo4_8.c*/
/*本程序演示变量累乘算法*/
#include <stdio.h>

void main(void)
{
    int x;
    x=1;        /*从这里开始进行累乘*/
    x=x*1;      /*累乘第 1 个数*/
    x=x*2;      /*累乘第 2 个数*/
    x=x*3;      /*累乘第 3 个数*/
    x=x*4;      /*累乘第 4 个数*/
    x=x*5;      /*累乘第 5 个数*/
    printf("\n1*2*3*4*5=%d",x);/*输出 x 最终的值*/
}
```

编译运行，结果如下。

```
1*2*3*4*5=120
```

上面对于累加和累乘的原理已经进行了深入的分析，这里不再赘述。读者需要注意的是，累乘运算的第一个数值不能从 0 开始。

2. 交换两个变量的值

假设有两个变量，x=10，y=3，若现在要求 x=3，y=10，该如何交换这两个变量的值呢？显然，这里需要使用第 3 个变量来临时保存数值。引入第 3 个变量 z，如图 4-11 所示。

（a）为初始状态，x=10，y=3，z 值假设为 0。

（b）状态是将 x 中的值复制到 z 中，这样一来，x 的值就可以放心地修改了，因为已经复制了一份 x 的值到 z 中了。

（c）状态是将 y 中的值赋给 x，此时 x 已经得到 y 的值了。而 y 可以很容易地从 z 中得到 x 的值。

把 z 中的数据赋值给 y，而 z 中的值刚好是 x 的值，如状态（d）所示。经过以上 4 个步骤之后，x 和 y 的值交换了。z 是一个临时变量，交换完成后，z 的值已经不重要了，代码如下所示。

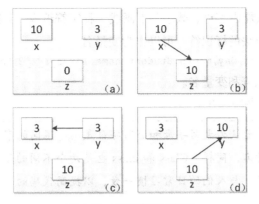

图 4-11　交换算法示意图

```
/*源文件：demo4_9.c*/
/*本程序演示交换算法*/
#include <stdio.h>

void main (void)
{
    int  x = 10;/*定义变量x*/
    int  y = 3;/*定义变量y*/
    int  z = 0;/*定义变量z*/

    printf("\nx=%d,y=%d",x,y);/*先输出交换前各自的值*/

    z=x;/*必须先保存x的值到临时变量中*/
    x=y;/*然后x的值才能被覆盖*/
    y=z;/*把x的值传给y，也就是把先前x的值传给y，完成交换动作*/

    printf("\nx=%d,y=%d", x,y);   /*看看是否真的交换成功了*/
}
```

编译运行，结果如下。

```
x=10,y=3
x=3,y=10
```

根据图 4-11 的演示，读者可以仔细对照代码，因为交换数据在日常计算中经常用到，所以请读者务必掌握。

4.5　扩充内容：标识符

扩充内容：标识符

在计算机高级语言中，用来对变量、符号常量名、函数、数组、结构类型等命名的有效字符序列统称为"标识符"。简单地说，标识符就是一个对象的名字。前面用到的变量名 p1、p2、c、f，符号常量名 PI、PRICE，函数名 printf 等都是标识符。

C 语言规定标识符只能由字母、数字和下画线 3 种字符组成，且第 1 个字符必须为字母或下画线。下面列出的是合法的标识符，可以作为变量名。

average,_total,Class,day,month,Student_name,lotus_1_2_3,BASIC,li_ling

下面是不合法的标识符和变量名。

M.D.John,¥123,#33,3d64,a>b

注意

C 语言编译器认为大写字母和小写字母是两种不同的字符。因此 sum 和 SUM 是两个不同的变量名，同样，Class 和 class 也是两个不同的变量名。一般而言，变量名用小写字母表示，与人们的日常习惯一致，以提高代码的可读性。

4.6 习题

4.6.1 进制转换

1. 十进制数 1000 对应的二进制数为（   ），对应的十六进制数为（   ）。

    A. 1111101010   B. 1111101000   C. 1111101100   D. 1111101110

    E. 3C8   F. 3D8   G. 3E8   H. 3F8

2. 八进制的 100 转换为十进制为（   ），十六进制的 100 转换为十进制为（   ）。

    A. 80   B. 72   C. 64   D. 56

    E. 160   F. 180   G. 230   H. 256

4.6.2 数据类型

1. 在 C 语言中，字符型数据在内存中以（   ）形式存放。

    A. 原码   B. BCD 码   C. 反码   D. ASCII 码

2. 若有定义：int a=7; float x=2.5; y=4.7;

    则表达式 x+a%3*(int)(x+y)%2/4 的值是（   ）。

    A. 2.500000   B. 2.750000   C. 3.500000   D. 0.000000

3. 设有说明：char w; int x; float y; double z;

    则表达式 w*x+z-y 值的数据类型为（   ）。

    A. float   B. char   C. int   D. double

4.6.3 常量与变量

1. 不合法的常量是（   ）。

    A. '\2'   B. " "   C. '3'   D. '\483'

2. 假如我国国民生产总值的年增长率为 9%，计算 10 年后我国国民生产总值与现在相比增长了多少。计算公式为 $p=(1+r)n$，r 为年增长率，n 为年数，p 为与现在相比的倍数。

3. 编写求矩形的面积和周长的程序，矩形的长和宽从键盘输入，请填空。

```c
#include <stdio.h>
int main()
{   float l,w;//定义长和宽
    _____
printf("please input length and width of the rectangle\n");
scanf("%f%f",&l,&w);//输入
area=_____;
girth=_____;
_____
        return 0;
}
```

4. 分析下面的程序。

```c
#include <stdio.h>

int main(void)
{
    char c1, c2;
    c1 = 97;
    c2 = 98;

    printf("c1 = %c, c2 = %c\n", c1, c2);
    printf("c1 = %d, c2 = %d\n", c1, c2);

    return 0;
}
```

运行时会输出什么信息？为什么？

4.6.4　标识符

1. 以下 C 语言标识符不正确的是（　　　）。

　　A. ABC　　　　　　B. abc　　　　　　C. a_bc　　　　　　D. ab.c

2. 下列字符串是标识符的是（　　　）。

　　A. _HJ　　　　　　B. 9_student　　　　C. long　　　　　　D. LINE 1

第5章
选择结构程序设计

在现实生活中需要进行判断和选择的情况是很多的。例如，从北京出发上高速公路，行驶到一个岔路口时有两个出口，一个是朝上海方向的，另一个是朝沈阳方向的；驾车者在此处必须进行判断，根据自己的目的地，从二者中选择一条路径，如图 5-1 所示。

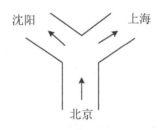

图 5-1　岔路图

在日常生活或工作中，类似这样需要判断的情况是常见的。如下面列出的情况。

- 如果你在家，我去拜访你（需要判断你是否在家）。
- 如果考试不及格，要补考（需要判断是否及格）。
- 如果遇到红灯，要停车等待（需要判断是否为红灯）。
- 周末我们去郊游（需要判断是否为周末）。

又如：输入一个数，要求输出其绝对值，可以编写以下语句。

```
if( x >= 0)
{
    printf("%d\n", x);
}
else
{
    printf("%d\n", -x);
}
```

用 if 语句进行检查，如果 x 的值符合 x≥0 的条件，就输出 x 的值；否则就输出-x 的值。接着执行 if 语句的下一条语句。用流程图表示如图 5-2 所示。

可以看到，要处理以上问题，关键在于进行"条件判断"。为满足程序处理问题的需要，在大多数程序中都会包含选择结构，需要在进行下一个操作之前先进行条件判断。

C 语言有两种选择语句，一种是 if 语句，用来实现两个分支的选择结构；另一种是 switch

语句，用来实现多分支的选择结构。5.1 节先介绍怎样用 if 语句实现双分支选择结构，这是很容易理解的，然后 5.2 节在此基础上介绍怎样用 switch 语句实现多分支选择结构。

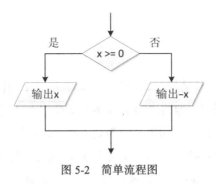

图 5-2　简单流程图

5.1　用 if 语句实现选择结构

根据 if 语句的一般形式，if 语句可以写成不同的形式，最常用的有以下 3 种形式。

用 if 语句实现
选择结构

（1）没有 else 子句部分，用于单分支控制的条件语句。

```
if(表达式){
    语句;
}
```

其含义是：当表达式的结果为非 0 值（真）时，"语句"将被执行。

注意

如果没有花括号，则默认 if 语句只管辖紧跟在其后的语句。

（2）有 else 子句部分，用于双分支控制的条件语句。

```
if（表达式）{
    语句1;
}
else{
    语句2;
}
```

其含义是：当表达式的结果为非 0 值时，"语句 1"将被执行；否则"语句 2"被执行。

（3）在 else 部分有嵌套了多层的 if 语句，用于多分支控制的条件语句。

```
if（表达式1）{
    语句1;
}
else if（表达式2）{
    语句2;
}
```

```
...
else if(表达式 n){
    语句 n;
}
else{
    语句 n+1;
}
```

当程序执行到上述多分支 if 结构时，会首先计算表达式 1 的值，如果其值为真，则执行语句 1，并跳过后续的 n 个代码块（即跳出整个 if 多分支结构）。如果表达式 1 的值为假，则不执行语句 1，接着计算表达式 2 的值，如果其值为真，则执行语句 2，并跳出整个 if 多分支结构。如果表达式 2 的值为假，则不执行语句 2，接着计算表达式 3 的值，依次类推。如果所有的表达式都为假，则执行语句 n+1，最后一个 else 结构可省略，此时代表"如果所有的表达式都为假，则什么都不执行"。代码如下所示。

```
if( score >= 90 && score <= 100 ){
    printf("优\n");
}
else if(score >= 60 && score < 90){
    printf("良\n");
}
else if(score >= 0 && score < 60){
    printf("差\n");
}
else{
    printf("输入的成绩有错，不在[0,100]\n");
}
```

这种形式相当于以下代码。

```
if( score >= 90 && score <= 100 )
    printf("优\n");
else       /*若 score 不属于[90,100]*/
    if( score >= 60 && score < 90)//在 if 语句的 else 部分内嵌了一个 if 语句
        printf("良\n");
    else
        if( score >= 0 && score < 60)
            printf("差\n");
        else
            printf("输入的成绩有错，不在[0,100]\n");
```

写成上面的"if…else if…else if…else if…else"形式更为直观和简洁。

例：从键盘上接收两个整数，按从大到小的顺序输出它们。

根据题意，不难设计出图 5-3 所示的算法，对应的程序为 demo5_1.c。

```
/*源文件: demo5_1.c*/
#include<stdio.h>
#include<stdlib.h>
int main(void)
{
    int a,b;
```

```
    printf("请输入两个整数,(用逗号隔开): ");
    scanf("%d,%d",&a,&b);
    /*if-else语句对应图5-3虚线框中算法的选择分支结构*/
    if( a >= b )/*若a确实大于等于b,表达式a>=b的值则为1*/
        printf("%d,%d\n",a,b);
    else
        printf("%d,%d\n",b,a);

    system("PAUSE");
    return 0;
}
```

上述程序的运行结果如图 5-3 所示。

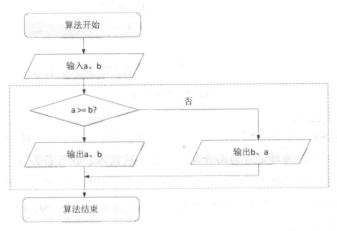

图 5-3　算法流程图

```
请输入两个整数(用逗号隔开):
3,4
4,3
请按任意键继续…
```

在 demo5_1.c 中,当表达式 a>=b 的值为非 0 值时,将执行表达式语句"printf("%d,%d\n",a,b);";否则执行表达式语句"printf("%d,%d\n",b,a);"。

例:从键盘上接收一个百分制的成绩,要求输出成绩等级(优、良、差)。[90,100]的成绩等级为优;[60,90)的成绩等级为良;[0,60)的成绩等级为差。

从图 5-4 中可以看出,从算法开始至算法结束,存在着 4 条执行路径,为了方便,在图中用①、②、③、④对这 4 条执行路径进行了标注。读者需要了解的是,当用户输入数据时,程序怎样选择这 4 条执行路径。答案是显而易见的。由于在这 4 条执行路径中的输出结果正满足题意,因此该算法是符合要求的。而且本算法是健壮的,因为当输入非法数据时,算法会提示错误(见执行路径④)。在实际编程中,读者要尽可能使自己设计的算法健壮,即尽可能让算法具备处理异常的能力。

请读者编译、执行 demo5_2.c,并分别输入数据-90、0、56、60、64、70、78、80、89、90、95、100 和 101,用于测试程序的功能。

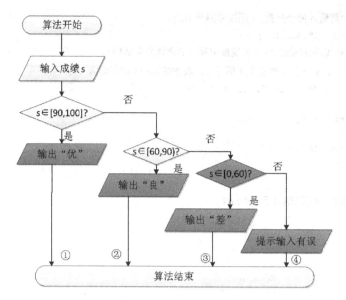

图 5-4　算法流程图

数据-90、0、56、60、64、70、78、80、89、90、95、100 和 101 被称为测试用例。测试用例是为特定目的而开发的一组测试输入、执行条件和预期结果的数据，其目的可以是测试某个程序路径或核实是否满足某个特定的需求。测试用例的设计是一门专门的学问，读者从中可以学到很多知识。其中 0、60、90、100 是[0-60)、[60-90)、[90-100]的边界值。

demo5_2.c 中的 if-else 语句不是简单的 if-else 形式，而是嵌套的 if-else 语句形式。嵌套的 if-else 语句归根结底还是简单 if-else 形式的灵活运用。读者没必要总结出嵌套 if-else 语句的基本形式。在实践中，根据需求构造出多种应用形式的 if-else 语句是完全有可能的。

在阅读 demo5_2.c 中的 if-else 语句时，请读者重点关注紧随 if 被括号括起来的表达式的可能取值。例如，当"score >= 90 && score <= 100"取非 0 值时，语句"printf("优\n");"将被执行；当"score >= 60 && score < 90"取非 0 值时，语句"printf("良\n");"将被执行。

例如，当用户输入 55 这样的一个测试数据时，表 5-1 对 if-else 语句的执行情况进行了分析。

```c
/*源文件: demo5_2.c*/
#include<stdio.h>
#include<stdlib.h>
int main(void)
{
    float score;
    printf("请输入成绩:");
    scanf("%f",&score);
    if( score >= 90 && score <= 100 ){
        printf("优\n");
    }
    else if(score >= 60 && score < 90){
        printf("良\n");
```

```
    }
    else if(score >= 0 && score < 60){
        printf("差\n");
    }
    else{
        printf("输入的成绩有错，不在[0,100]\n");
    }
    system("PAUSE");
    return 0;
}
```

上述程序的运行结果如下所示。

请输入成绩：55

差

请按任意键继续…

表 5-1   当 score 的值为 55 时的 if-else 语句执行情况分析表

表达式	表达式取值	被执行的语句
score >= 90 && score <= 100	0	else if 后面的语句
score >= 60 && score < 90	0	else if 后面的语句
score >= 0 && score < 60	1	printf("差\n");

demo5_1.c 展示了 if-else 语句的功能和使用方法，demo5_2.c 展示了嵌套的 if-else 语句的功能和使用方法，if 或 else 中的语句还可以是复合语句的形式。在此，我们无法穷举出 if 语句或 if-else 语句的各种使用形式，读者应该理解它们的实质，方能以不变应万变，因此，希望读者能认真分析、执行本节提到的几个例子，理解它们的本质。

5.2 switch 语句

switch 语句的作用是根据表达式的值控制哪条或哪些分支上的语句被执行。if-else 语句有两条能被执行的分支，即要么 if 后面的语句执行，要么 else 后面的语句执行。与之相比，switch 语句的执行分支有多条。因此，switch 语句被称为"多路分支语句"。switch 语句的一般形式如下，执行流程图如图 5-5 所示。

switch 语句

```
switch(表达式)          /*若表达式的值不是整型，将被转换为整型*/
{
    case 整型值1:        /*被称为case标号*/
        语句1;
    case 整型值2:
        语句2;
    …
    case 整型值n:
        语句n;
```

```
default:              /*被称为 default 标号，可根据需要省略该标号及语句 n+1*/
        语句 n+1;
}
```

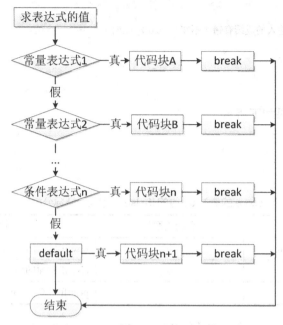

图 5-5　switch 语句执行流程图

switch 语句的执行方法如下。

● 若表达式的值等于 switch 语句中某个 case 标号中的整型值（每个 case 标号中的值不能相同），则程序控制转移到该 case 标号表示的点，从此点开始执行。

● 若表达式的值不等于任何 case 标号中的值，则程序控制转移到 default 标号（如果有的话）表示的点，从此点开始执行。

● 若表达式的值不等于任何 case 标号中的值，又没有 default 标号，则不执行 switch 语句体中的语句。

例：switch 语句的简单应用示例如下，请分析程序 demo5_3.c 的作用。

解：假设用户分别输入了数据 1、2、3、4、5、6、7、8、0、−1。

当用户输入 1 时，"switch(flag)" 中的表达式的值与 case 标号 "case 1:" 中的值相等，则程序将转移到该标号处开始执行，从而首先得以执行的语句是 "printf("Today is Monday.\n");"，其次是 "break" 语句。"break" 语句的作用是终止 switch 语句体的执行。此例中，当执行完 break 语句时，语句 "return 0;" 将被执行。

用户输入 2、3、4、5、6、7 的情况与输入 1 的相似，请读者自行分析。

当用户输入 8、0 或−1 时，"switch（flag）" 中的表达式的值与任何一个 case 标号中的值都不相等，则程序控制转到 default 标号处开始执行，从而 "printf("输入的数据有误.\n");" 语句将被执行。

综上所述，程序 demo5_3.c 的作用是根据用户输入的数值，输出相应的星期信息；当用户输入错误的数值时，输出提示出错信息。

　　从该例中，读者一方面需要了解 switch 语句的作用和使用方法；另一方面需要掌握 break 语句的作用及与 switch 语句搭配使用的方法。break 语句还可以与循环语句搭配使用。

```c
/*源文件:demo5_3.c*/
#include<stdio.h>

int main(void)
{
    int flag;
    printf("请输入今天是星期几?(用数字表示);");
    scanf("%d",&flag);
    switch( flag )
    {
        case 1:
            printf("Today is Monday.\n");
            /*执行到 break;语句，将转到 switch 的下一条语句*/
            break;
        case 2:
            printf("Today is Tuesday.\n");
            break;
        case 3:
            printf("Today is Wednesday.\n");
            break;
        case 4:
            printf("Today is Thursday.\n");
            break;
        case 5:
            printf("Today is Friday.\n");
            break;
        case 6:
            printf("Today is Saturday.\n");
            break;
        case 7:
            printf("Today is Sunday.\n");
            break;
        default:
            printf("输入的数据有误.\n");
    }
    /*上述任何一条 break;语句执行后，都将跳转到此处*/
    return 0;
}
```

　　上述程序的运行结果如下所示。

```
请输入今天是星期几? （用数字表示）: 3
Today is Wednesday.
请按任意键继续…
```

　　例：请设计算法，并用 switch 语句实现上例。

　　所设计的算法如图 5-6 所示，相应的程序为 demo5_4.c。

　　为了解 demo5_4.c 中 switch 语句的作用,不妨设用户输入的 score 为 78,则 grade 的值为 7。"switch(grade)" 中表达式的值与 "case 7:" 中的值相等。因此，程序将转到该 case 标号处开始执行。该标号的下一行是另一个标号 "case 6:"，接着执行语句 "printf("良\n");"，再接下来执行的是 "break" 语句。请读者基于下述测试用例：−90、0、56、60、64、70、78、80、89、100 和 101，认真分析 demo5_4.c 的执行流程。

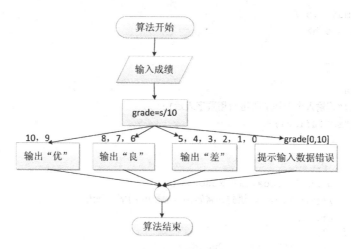

图 5-6　算法流程图

```
/*源文件:demo5_4.c*/
#include<stdio.h>
#include<stdlib.h>
int main(void)
{
    float score;//存放成绩
    int grade;    /*等级*/
    printf("请输入成绩:");
    scanf("%f",&score);
    grade = (int)score/10;

    switch(grade)
    {
        case 10:
        case 9:
                printf("优\n");
                break;
        case 8:
        case 7:
        case 6:
                printf("良\n");
                break;
        case 5:
        case 4:
        case 3:
        case 2:
        case 1:
        case 0:
                printf("差/n");
                break;
```

```
        default:
                printf("输入的成绩有错，不在[0,100]\n");
    }
    system("PAUSE");
    return 0;
}
```

上述程序的运行结果如下所示。

请输入成绩：78

良

请按任意键继续…

5.3 扩充内容：关系运算符和关系表达式

在 if 语句中对关系表达式 a >= b 进行判断，其中 ">" 是一个比较符，用来对两个数值进行比较。在 C 语言中，比较符（或称为比较运算符）称为关系运算符。所谓 "关系运算" 就是 "比较运算"，将两个数值进行比较，判断其比较的结果是否符合给定的条件。例如，a>3 是一个关系表达式，大于号是一个关系运算符，如果 a 的值为 5，则满足给定的 "a>3" 条件，因此关系表达式的值为 "真"（即 "条件满足"）；如果 a 的值为 2，不满足 "a>3" 条件，则称关系表达式的值为 "假"。

扩充内容：关系运算符和关系表达式

表 5-2   关系运算符及其优先级

运算符	含义	优先级
<	小于	高
>	大于	
<=	小于等于	
>=	大于等于	
==	等于	低
!=	不等于	

在表 5-2 中，前 4 种关系运算符的优先级别相同，后 2 种也相同，但前 4 种高于后 2 种。例如，">" 优先于 "=="，而 ">" 与 "<" 优先级相同。

用关系运算符将两个数值或数值表达式连接起来的式子，称为关系表达式。关系表达式通常用于表达一个判断条件，而一个条件判断的结果只有两种可能："真" 或者 "假"。在 C 语言中，用非 0 值表示 "真"，用 0 值表示 "假"。也就是说，只要表达式的值为 0，就表示表达式的值为假，或者说这个表达式所表示的判断条件不成立；而如果表达式的值为非 0 值（也包括负数），则表示表达式的值为真，或者说这个表达式所表示的判断条件成立。

```
/*源文件：demo5_5.c*/
```

```
#include<stdio.h>

int main(void)
{
    int m = 5, n = 7;//定义两个整型变量 m 和 n
    int a = (m < n); //比较 m 是否小于 n，将其值赋给变量 a
    int b = (m != n);//比较 m 是否不等于 n，将其值赋给变量 b
    int c = (m == n);//比较 m 是否等于 n，将其值赋给变量 c
    int d = (m > n);//比较 m 是否大于 n，将其值赋给变量 d
    printf("a 的值是%d\n", a);
    printf("b 的值是%d\n", b);
    printf("c 的值是%d\n", c);
    printf("d 的值是%d\n", d);
    return 0;
}
```

该程序的运行结果如下所示。

```
a 的值是 1
b 的值是 1
c 的值是 0
d 的值是 0
```

5.4 扩充内容：条件运算符和条件表达式

有一种 if 语句，被判别的表达式的值无论为"真"还是"假"，都执行一个赋值语句，且向同一个变量赋值，如下所示。

扩充内容：条件运算符和条件表达式

```
if(a>b)
    max = a;
else
    max = b;
```

当 a>b 时，将 a 的值赋给 max，当 a<=b 时，将 b 的值赋给 max，可以看到无论 a>b 是否满足，都是给同一个变量赋值。C 语言提供条件运算符和条件表达式来处理这类问题。可以把上面的 if 语句改写为以下形式。

```
max = (a>b) ? a : b;
```

赋值号右侧的"(a>b)？a：b;"是一个"条件表达式"，"?"是条件运算符。

如果（a>b）条件为真，则条件表达式的值等于 a；否则取值 b。如果 a 等于 5，b 等于 3，则条件表达式"(a>b)？a：b;"的值就是 a 的值 5，把它赋给变量 max，因此 max 的值为 5。

条件运算符由两个符号（?和:）组成，必须一起使用。要求有 3 个操作对象，称为三目（元）运算符，它是 C 语言中唯一的一个三目运算符。

条件表达式的一般形式如下。

表达式 1?表达式 2:表达式 3

它的执行过程如图 5-7 所示。

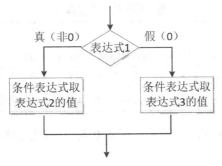

图 5-7　条件表达式流程图

例：输入一个字符，判别它是否为大写字母，如果是，将它转换成小写字母；如果不是，则不转换。然后输出最后得到的字符。

```c
/*源文件：demo5_6.c*/
#include<stdio.h>

int main(void)
{
    char ch;
    //输入字符，放到 ch 的地址中
    scanf("%c", &ch);
    //当字母是大写时，转换成小写字母，否则不转换
    ch = (ch>='A' && ch<='Z') ? (ch+32) : ch;
    //输出
    printf("%c\n", ch);

    return 0;
}
```

"(ch>='A' && ch<='Z') ? (ch+32) : ch;"的作用是：如果字符变量 ch 的值为大写字母，则条件表达式的值为"(ch+32)"，即相应的小写字母，32 是小写字母和大写字母的 ASCII 码的差值；如果 ch 的值不是大写字母，则条件表达式的值为 ch，即不进行转换。

可以看到，条件表达式相当于一个不带关键字 if 的 if 语句，用它处理简单的选择结构可使程序简洁。

5.5　扩充内容：逻辑运算符和逻辑表达式

有时要求判断的条件不是一个简单的条件，而是由几个简单条件组成的复合条件。例如，"如果星期六不下雨，我去公园玩"，这就是由两个简单条件组成的复合条件，只有满足这两个条件（星期六、未下雨）才去公园玩。C 语言程序设计中遇到这种情况时，就要使用逻辑运算符和逻辑表达式。

C 语言中有 3 种逻辑运算符，如表 5-3 所示。

扩充内容：逻辑运算符和逻辑表达式

表 5-3   C 语言逻辑运算符及其含义

运算符	含义	举例	说明
&&	逻辑与	a&&b	如果 a 和 b 都为真，则结果为真，否则为假
||	逻辑或	a||b	如果 a 和 b 有一个或一个以上为真，则结果为真；二者都为假时，结果为假
!	逻辑非	!a	如果 a 为假，则!a 为真；如果 a 为真，则!a 为假

逻辑表达式的运算结果只能是真或假，即非 0 与 0。归纳逻辑运算的规律，得到逻辑运算的真值表，如表 5-4 所示。

表 5-4   逻辑运算的真值表

a	b	!a	!b	a&&b	a||b
真	真	假	假	真	真
真	假	假	真	假	真
假	真	真	假	假	真
假	假	真	真	假	假

归纳来说，"与"运算是"只要有一个为假，结果就为假"；"或"运算是"只要有一个为真，结果就为真"；"非"运算是"真变假，假变真"。

逻辑运算示例如下。

```c
/*源文件: demo5_7.c*/
#include<stdio.h>

int main(void)
{
    int m = 1, n = 2;
    double x = 1.51;
    float y = 2.5;

    printf("表达式: m<n && y-1>x    是%d\n", m<n && y-1>x );

    printf("表达式: m<n || 'a'+1<90 是%d\n", m<n || 'a'+1<90 );

    printf("表达式: !('a'+1<90)     是%d\n", !('a'+1<90) );

    return 0;
}
```

输出结果如下所示。

```
表达式: m<n && y-1>x    是 0
表达式: m<n || 'a'+1<90 是 1
表达式: !('a'+1<90)     是 1
Press any key to continue
```

例：设有 int x=3, y=0, z;，请分析表达式 x&&y、x||y、!x、!y 的结果。

```c
/*源文件: demo5_8.c*/
#include<stdio.h>
```

```
int main(void)
{
    int x = 5, y = 0, z;

    printf("x&&y:%d\n", x&&y);
    printf("x||y:%d\n", x||y);
    printf("!x:%d\n", !x);
    printf("!y:%d\n", !y);
    return 0;
}
```

输出结果如下所示。

```
x&&y:0
x||y:1
!x:0
!y:1
```

5.6　习题

5.6.1　关系、条件及逻辑运算符

1. 以下运算符中，优先级最高的为（　　　）。

A. &&　　　　　　B. ?:　　　　　　C. !=　　　　　　D. !

2. 下列关系表达式中，结果为 0 的是（　　　）。

A. 0!=1　　　　B. 2<=8　　　　C. (A=2*2)==2　　D. Y=(2+2)==4

3. "当 x 的取值在[1,10]或[200,210]的范围内为真，否则为假"的表达式是（　　　）。

A. (x>=1) && (x<=10) && (x>=200) && (x<=210)

B. (x>=1) || (x<=10) || (x>=200) || (x<=210)

C. (x>=1) && (x<=10) || (x>=200) && (x<=210)

D. (x>=1) || (x<=10) && (x>=200) || (x<=210)

4. 设 x、y 和 z 是 int 型变量，且 x=3，y=4，z=5，则下面表达式中值为 0 的是（　　　）。

A. 'x'&&'y'　　　B. x<=y　　　　C. x||y+z && y-z　　D. !((x<y) && !z||1)

5. 设有 int a=1,b=2,c=3,d=4,m=2,n=2;，执行(m=a>b)&&(n=c>d)后 n 的值为（　　　）。

A. 1　　　　　　B. 2　　　　　　C. 3　　　　　　D. 4

5.6.2　条件语句

1. 已知 int x=10,y=20,z=30;，以下语句执行后 x，y，z 的值是（　　　）。

if(x>y) z=x; x=y; y=z;

A. x=10, y=20, z=30　　　　　　　　B. x=20, y=30, z=30

C. x=20, y=30, z=10　　　　　　　　D. x=20, y=30, z=20

2. 以下程序（   ）。

```
main(){
    int a=5,b=0,c=0;
    if (a=b+c) printf("***\n");
    else printf("$$$\n");
}
```

A. 有语法错，不能通过编译   B. 可以通过编译，但不能通过连接

C. 输出***   D. 输出$$$

3. 当 a=1,b=3,c=5,d=4 时，执行以下程序段后 x 的值为（   ）。

```
if (a<b)
  if (c<d) x=1;
  else
    if(a<c)
      if(b<d) x=2;
      else x=3;
    else x=6;
else x=7;
```

A. 1   B. 2   C. 3   D. 6

4. 若运行时给变量 x 输入 12，则以下程序的运行结果是（   ）。

```
main()
{   int x,y;
    scanf("%d",&x);
    y=x>12 ? x+10 : x-12;
printf("%d\n",y);
}
```

A. 0   B. 22   C. 12   D. 10

5. 以下程序的运行结果为（   ）。

```
main(){
  int k=4,a=3,b=2,c=1;
  printf("\n%d\n",k<a?k:c<b?c:a);
}
```

A. 4   B. 3   C. 2   D. 1

6. 以下程序的运行结果为（   ）。

```
main(){
    int x=1,a=0,b=0;
    switch(x)
    {
        case 0:b++;
        case 1:a++;
        case 2:a++;b++;
    }
}
```

A. a=2,b=1 B. a=1,b=1 C. a=1,b=0 D. a=2,b=2

7. 有 3 个整数 a、b、c，从键盘输入，编写程序，要求输出其中最大的数。

8. 有一个函数：

$$y = \begin{cases} x, & (x<1) ; \\ 2x-1, & (1 \leqslant x<10) ; \\ 3x-11, & (x \geqslant 10) 。 \end{cases}$$

编写程序，要求输入 x 的值，输出 y 相应的值。

9．给出一个百分制成绩，编写程序，要求输出成绩等级 "A" "B" "C" "D" "E"。90 分以上为 "A"，80～89 分为 "B"，70～79 分为 "C"，60～69 分为 "D"，60 分以下为 "E"。

10．企业发放的奖金根据利润计算。

- 利润 I 低于或等于 10 万元时，可提成 10%；
- 利润 I 高于 10 万元，低于 20 万元时，低于 10 万元的部分按 10%提成，高于 10 万元的部分可提成 7.5%；
- 利润 I 在 20 万元～40 万元时，高于 20 万元的部分可提成 5%；
- 利润 I 在 40 万元～60 万元时，高于 40 万元的部分可提成 3%；
- 利润 I 在 60 万元～100 万元时，高于 60 万元的部分可提成 1.5%；
- 利润 I 高于 100 万元时，超过 100 万元的部分按 1%提成。

编写程序，从键盘输入当月利润 I，求应发放奖金总额。

11．编写程序，要求输入一个数，判断它能否被 3 或者被 5 整除，如至少能被这两个数中的一个整除，则将此数输出出来，否则不输出。

12．编写程序，要求输入 1～7 的某个数，输出表示一星期中相应的某一天的单词：Monday、Tuesday 等，用 switch 语句实现。

第6章
循环结构程序设计

如果让你连续抄写同一个汉字，抄了100遍之后，你就会怀疑眼前抄写的不是同一个汉字。大家有没有过这种感觉？这是因为人在重复性、机械式的操作中很容易感到麻木和疲倦。

重复性操作或连续性思维是计算机的优势，甚至可以说是它的天职。当一些语句需要反复执行时，就要用到循环结构的语句，即循环语句。其可以在循环语句中指定语句重复执行的次数，也可以指定重复执行的条件。

C语言中的常用循环语句主要是 while、do-while 和 for 语句。

6.1 while 语句

while 语句是基本的重复操作语句。while 语句的基本语法如下所示。

```
while(循环判断表达式){
    循环体语句;
}
```

while 语句

while 语句的执行步骤如图 6-1 所示。

- 第一步：计算循环判断表达式的值。
- 第二步：如果为 true，则执行循环体语句，否则退出循环。
- 第三步：重复执行第一步和第二步，直至退出循环。

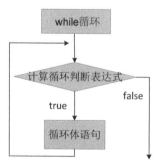

图 6-1　while 语句流程图

例：使用 while 语句求 1+2+3+...+100 的累加和，代码如下。

```
/*源文件: demo6_1.c*/
#include<stdio.h>      /*包含 stdio.h 头文件*/
int main()
{
    int i = 1, sum = 0;/*定义整型变量 i 和 sum, sum 赋初始值 0*/

    while( i<=100 ){//当 i>100, 条件表达式 i<=100 的值为假, 不执行循环体
        sum += i;            //第一次累加后, sum 的值为 1
        i++;                 //加完后, i 的值加 1, 为下次累加做准备
    }                        //循环体结束

    printf("sum = %d\n", sum);//输出累加和
    return 0;
}
```

首先定义循环变量 i, 赋初值为 1; 然后确定循环判断表达式为 i<=100; 最后, 在循环体中, 有语句 i++, 使 i 的值每循环一次就递增 1,确保循环判断表达式 i<=100 在大于 100 时返回 false, 从而结束循环, 如图 6-2 所示。

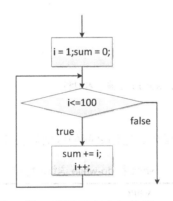

图 6-2　使用 while 语句求 1~100 之和

6.2　do-while 语句

do-while 语句

do-while 语句实际上是 while 循环结构的另一种形式, 只不过它把循环条件放在结构的底部, 而不是 while 语句的顶部。其语法格式如下。

```
do{
    循环体语句;
}while( 循环判断表达式 );
```

do-while 循环的执行步骤如图 6-3 所示。

第一步: 执行循环体语句。

第二步: 计算循环判断表达式的值。

第三步: 如果循环判断表达式的值为 true, 则转去执行第一步, 否则退出循环。

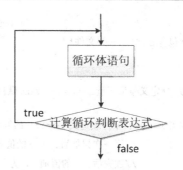

图 6-3　do-while 语句流程图

例：使用 do-while 语句求 1+2+3+…+100 的累加和，代码如下。

```c
/*源文件: demo6_2.c*/
#include<stdio.h>      /*包含 stdio.h 头文件*/
int main()
{
    int i = 1, sum = 0;/*定义整型变量 i 和 sum, sum 赋初始值 0*/

    do{
        sum = sum + i;
        i++;
    }while( i<= 100);

    printf("sum = %d\n", sum);//输出累加和
    return 0;
}
```

简单比较 while 和 do-while 语句，它们之间的区别如表 6-1 所示。

表 6-1　　　　　　　　　　　while 和 do-while 语句的比较

	while	do-while
逻辑结构	先检测条件，再执行循环操作	先执行循环操作，再检测条件。因此不管循环条件如何，都将执行一次循环操作
关键字	仅包含 while 关键字，并以此开头	包含 do 和 while 关键字，并以 do 关键字开头，而 while 关键字位于结构的末尾
语法特征	在 while 关键字后的循环表达式之后不用分号	do-while 结构的末尾必须使用分号来表示结束，这是因为该结构的末尾是一个条件表达式，而不是大括号标识的循环体

do-while 语句的特点是至少执行一次循环体语句，这种特性使得我们在编写有些循环语句时会选择使用 do-while 循环，以便更好地表现算法思路。

6.3　for 语句

for 语句

for 语句是对循环操作的一种优化结构。语法格式如下。

```
for(初值表达式；循环判断表达式；更新表达式)
    循环体语句;
```

for 语句的执行步骤如图 6-4 所示，具体描述如下。

- 第一步：计算初值表达式的值。
- 第二步：计算循环判断表达式的值。
- 第三步：如果循环判断表达式的值为 true，就更新表达式，否则退出 for 语句。
- 第四步：执行循环体语句之后再计算更新后的表达式的值。
- 第五步：重复执行第二、三、四步，直至退出循环。

```
for( 1 ; 2 ; 4 )
{ 3; }
```

图 6-4　for 语句执行步骤

可以看出，for 循环结构把初始化变量、检测循环条件和更新变量都集中在 for 关键字后面的小括号内，把它们作为循环结构的一部分固定下来，这样就可以防止在循环结构中忘记了初始化变量，或者忘记了更新循环变量，同时也简化了操作。

例：使用 for 语句求 1+2+3+…+100 的累加和，代码如下。

```
/*源文件：demo6_3.c*/
#include<stdio.h>      /*包含 stdio.h 头文件*/
int main()
{
    int i, sum = 0;/*定义整型变量 i 和 sum, sum 赋初始值 0*/

    for( i = 1; i<=100; i++)
    {
        sum = sum + i;
    }

    printf("sum = %d\n", sum);//输出累加和
    return 0;
}
```

注意

初学者在写 for 语句的时候会犯一个常见错误，那就是在循环体语句之前添加一个分号 ";"。

例如：for(i=1;i<=100;i++);

这种情况下的分号表示空语句，称为该 for 语句的实际循环体语句。

6.4　循环嵌套

循环嵌套

一个循环的循环体内包含另外一个完整的循环结构，称为循环的嵌套，内嵌的循环还可以继续嵌套循环，构成多层循环。循环的嵌套结构本质上仍是一个循环语句，

只不过其循环体为一个循环语句罢了。

为了便于理解循环嵌套，首先列举简单的循环结构的例子来引入嵌套。

例：输出 123456789。

```
for( i = 1; i<=9; i++){
        printf("%d", i);
}
```

例：输出 5 行 123456789。

```
for( i=1; i<=5; i++ ){
        for( j=1; j<=9; j++){
                printf("%d\n", j);
        }
        printf("\n");
}
```

从这个例子可以看出，外循环决定内循环（把内循环看成一个整体）的执行次数，而内循环则控制每行内循环的执行次数。在这个例子中，内循环变量与外循环变量之间没有关系。下面我们再来看一个复杂一些的例子，内循环变量执行的次数取决于当前的外循环变量，来进一步理解循环嵌套结构程序。

例：设计程序输出如下的图案数字。

```
1
1 2
1 2 3
1 2 3 4
1 2 3 4 5
```

这个例子要输出 5 行数字，故外循环的执行次数为 5，设外循环变量为 i，取值为 1～5；每一行要输出的数字的个数为 1、2、3、4、5，即循环的次数为 1、2、3、4、5，假设用 j 表示内循环变量，那么内循环变量与外循环变量有什么关系？假设我们要输出的是第 i 行上的数字，可以发现其输出的数字 j 取值为 1～i。找到了规律就可以写出循环结构。代码如下所示。

```
/*源文件：demo6_4.c*/
#include<stdio.h>        /*包含 stdio.h 头文件*/
int main()
{
    int i, j;

    for( i=1;i<=5;i++){
            for( j=1;j<=i;j++)
                    printf("%d ", j);
            printf("\n");
    }

    return 0;
}
```

再使用一个例子加深对嵌套循环的理解。

例：设计程序输出如下的图案数字。

```
1
1 3
1 3 5
```

```
1 3 5 7
1 3 5 7 9
```

第一种写法，通过观察，发现例 3 与例 4 只是每一行上输出的数字不同，即修改例 3 的内循环语句 "printf("%d ", j);" 即可。显然第 i 行上输出的是一个等差数列，其输出的第 j 个数字应为 2*j-1，即例 4 中对应的语句应为 "printf("%d ", 2*j-1);"。代码如下所示。

```
/*源文件: demo6_5.c*/
#include<stdio.h>        /*包含 stdio.h 头文件*/
int main()
{
    int i, j;

    for( i=1;i<=5;i++){
            for( j=1;j<=i;j++)
                    printf("%d ", 2*j-1);
            printf("\n");
    }

    return 0;
}
```

第二种写法，不改变例 3 的输出语句 "printf("%d ", j);"，修改内循环语句 "for(j=1; j<=i; j++)"。分析可知，第 i 行的内循环的次数为 i，而输出的数字的最大值 j 为 2*i-1，后一个输出的数比前一个数大 2，即步长为 2，则将例 3 的内循环语句改为 "for(j=1;j<=2*i-1;j+=2)" 即可。代码如下所示。

```
/*源文件: demo6_6.c*/
#include<stdio.h>        /*包含 stdio.h 头文件*/
int main()
{
    int i, j;

    for( i=1;i<=5;i++){
            for( j=1; j<=2*i-1;j+=2)
                    printf("%d ", j);
            printf("\n");
    }

    return 0;
}
```

有了例 3、例 4 两个程序的设计基础，基本上能够掌握循环的嵌套结构了。对循环的嵌套有了更深入的理解，就能利用循环嵌套结构解决简单的实际问题了。

例：输出如下的九九乘法表。

```
1*1=1
1*2=2   2*2=4
1*3=3   2*3=6   3*3=9
1*4=4   2*4=8   3*4=12  4*4=16
1*5=5   2*5=10  3*5=15  4*5=20  5*5=25
1*6=6   2*6=12  3*6=18  4*6=24  5*6=30  6*6=36
1*7=7   2*7=14  3*7=21  4*7=28  5*7=35  6*7=42  7*7=49
```

```
1*8=8  2*8=16  3*8=24  4*8=32  5*8=40  6*8=48  7*8=56  8*8=64
1*9=9  2*9=18  3*9=27  4*9=36  5*9=45  6*9=54  7*9=63  8*9=72  9*9=81
```

这个例子与例 3 相似，一共要输出 9 行，故外循环执行 9 次。假设用 i 来表示外循环变量，其值应为 1～9，第 i 行输出 i 个数；假设用 j 来表示内循环变量，即内循环变量 j 取值为 1～i。并且能写出第 i 行第 j 列要输出的数为 "printf("%d*%d=%d ", i, j, i*j);"。在例 3、例 4 的基础上，可以写出如下的程序。

```c
/*源文件: demo6_7.c*/
#include<stdio.h>        /*包含 stdio.h 头文件*/
int main()
{
    int i, j;

    for( i=1; i<=9; i++){
            for( j=1; j<=i; j++){
                    printf("%d*%d=%d ", j, i , i*j);
            }
            printf("\n");
    }

    return 0;
}
```

在使用循环嵌套的过程中，要始终记住一句话：外层变化慢，内层变化快。因为内层 for 语句是外层 for 语句的循环体；换句话说，当外层循环变量 i=1 时，内层循环变量 j 要从 1 变化到 i；当 i=2 时，j 也要从 1 变化到 i；同理，当 i=3、i=4、i=5、i=6、i=7、i=8，直到 i=9 时，j 的值都依次从 1 变化到 i，最终输出一个九九乘法表。

循环嵌套很多读者都掌握得不好，为此笔者选择了一些实例，其知识点由浅入深、层层深入、环环相扣。在页面中输入下面的图形。

（1）图形一。

```
*
**
***
****
```

代码如下。

```c
for( i = 1; i<=4; i++){
    for( j = 1; j<=i; j++){
            printf("*");
    }
    printf("\n");
}
```

（2）图形二。

```
****
***
**
*
```

代码如下。

```c
for( i = 4; i>=1; i--){
```

```
    for( j = i; j>=1; j--){
            printf("*");
    }
    printf("\n");
}
```

（3）图形三。

```
   *
  ***
 *****
*******
```

代码如下。

```
for( i = 1; i<=4; i++){
    for( k = 1; k<=4-i; k++){
            printf(" ");
    }
    for( j = 1; j<=2*i-1; j++){
            printf("*");
    }
    printf("\n");
}
```

（4）图形四。

```
*******
 *****
  ***
   *
```

代码如下。

```
for( i = 4; i>=1; i--){
    for( k = 0; k<=4-i; k++){
            printf(" ");
    }
    for( j = 1; j<=2*i-1; j++){
            printf("*");
    }
    printf("\n");
}
```

6.5　跳转语句

跳转语句通常用在循环语句的循环体中，其作用是非常规地跳出当前循环或整个循环。C 语言中的跳转语句分为 break 语句和 continue 语句两种。

跳转语句

6.5.1　break 语句

前面已经在 switch 语句中用到了 break 语句，即当程序执行到 break 语句时就直接跳出 switch 语句。实际上，break 语句也经常用在循环体中。当执行到循环体中的 break 语句时，程序就结束整个循环语句。

将上面介绍过的双层嵌套 for 语句输出的乘法表改写一下，内层 for 循环执行到第 5 次时使用 break 语句退出。代码如下所示。

```
for( i=1; i<=9; i++){
    for( j=1; j<=i; j++){
        if(j>5){
            break;//如果 j 大于 5 则退出
        }

        printf("%d*%d=%d ", i, j, i*j);
    }
    printf("\n");
}
```

代码执行后输出如下数据。

```
1*1=1
1*2=2  2*2=4
1*3=3  2*3=6  3*3=9
1*4=4  2*4=8  3*4=12  4*4=16
1*5=5  2*5=10  3*5=15  4*5=20  5*5=25
1*6=6  2*6=12  3*6=18  4*6=24  5*6=30
1*7=7  2*7=14  3*7=21  4*7=28  5*7=35
1*8=8  2*8=16  3*8=24  4*8=32  5*8=40
1*9=9  2*9=18  3*9=27  4*9=36  5*9=45
```

从以上过程中可以看出，在嵌套的循环语句中，break 语句只是跳出当前的循环语句，而不是跳出整个嵌套的循环语句。

6.5.2 continue 语句

continue 语句只能用在循环体中，其作用是跳过循环体中未执行的语句，结束本次循环；然后求循环判断表达式的值，决定是否继续循环。

例：求 1～20 的累加和，但要求跳过所有 2 的倍数。

```
/*源文件: demo6_8.c*/
#include<stdio.h>        /*包含 stdio.h 头文件*/
int main()
{
    int i, sum = 0;

    for( i=1; i<=20; i++){
        if(i%2 == 0)
            continue;
        printf("%d\n", i);
        sum += i;
    }
    printf("结果为: %d", sum);

    return 0;
}
```

代码执行后输出如下数据。

```
1
```

```
3
5
7
9
11
13
15
17
19
```
结果为：100

6.6　扩充内容：算术运算符

扩充内容：算术
运算符

　　算术的四则运算，是大家童年的记忆，也是对我们逻辑思维的启蒙训练。C 语言的算术运算符除了加减乘除之外，还包括取模（%）、自增（++）和自减（--）运算符，如表 6-2 所示。

表 6-2　　　　　　　　　　　　　　C 语言的算术运算符

运算符	说明
+	加运算
−	减运算
*	乘运算
/	除运算
%	取模运算，即计算两个整数相除的余数

++	自增运算，将操作数加 1。若有 int x = 100，那么
	● y = ++x;//相当于语句序列 "x=x+1;y=x;"，y 的值为 101，x 的值为 101
	● y = x++;//相当于语句序列 "y = x;x=x+1;"，y 的值为 100，x 的值为 101

--	自减运算，将操作数减 1。若有 int x = 100，那么
	● y = --x;//相当于语句序列 "x=x-1;y=x;"，y 的值为 99，x 的值为 99
	● y = x--;//相当于语句序列 "y = x;x=x-1;"，y 的值为 100，x 的值为 99

　　用算术运算符和括号将运算对象（也称操作数）连接起来的、符合 C 语言语法规则的式子称为 C 语言算术表达式。运算对象包括常量、变量和函数等。例如，下面是一个合法的 C 语言算术表达式。

```
a*b/c-1.5+'a'
```

　　C 语言规定了运算符的优先级（如先乘除后加减），还规定了运算符的结合性。

　　在表达式求值时，先按运算符的优先级别顺序执行，如表达式 a-b*c,b 的左侧为减号，右侧为乘号，而乘号的优先级高于减号，因此，相当于 a- (b*c)。

　　如果一个运算对象两侧的运算符的优先级别相同，如 a-b+c，则按规定的"结合方向"处理。C 语言规定了各种运算符的结合方向（结合性），算术运算符的结合方向都是"自左至右"的，即先左后右，因此 b 先与减号结合，执行 a-b 的运算，然后再执行加 c 的运算。"自左至右的结合方向"又称"左结合性"，即运算对象先与左边的运算符结合。以后可以看到有些运算符的结合方向为"自右至左"，即右结合性（例如，赋值运算符，若有 a=b=c，按从右至左的顺序，先把变量 c 的值赋给变量 b，然后把变量 b 的值赋给变量 a）。关于"结合性"的概念在其他一些高级语言中是没有的，这是 C 语言的特点之一，希望能弄清楚。附录 B 列举了所有运算符以及它们的优先级别和结合性。

说明　　不必死记，只要知道算术运算符是自左至右（左结合性）的，赋值运算符是自右至左（右结合性）的，其他复杂的运算符遇到时查一下即可。

6.7　扩充内容：赋值运算符

扩充内容：赋值运算符

最基本的赋值运算符是等号（=），用于对变量进行赋值。另外，一些运算符可以和等号（=）联合使用，构成组合赋值运算符，如表 6-3 所示。

表 6-3　　　　　　　　　　　　　组合赋值运算符

运算符	说明
=	将右操作数的值赋给左边的变量
+ =	将左边变量递增右操作数的值。如：a+=b 相当于 a=a+b
– =	将左边变量递减右操作数的值。如：a–=b 相当于 a=a–b
* =	将左边变量乘以右操作数的值。如：a*=b 相当于 a=a*b
/ =	将左边变量除以右操作数的值。如：a/=b 相当于 a=a/b
% =	将左边变量用右操作数的值取模。如：a % = b 相当于 a = a % b
& =	将左边变量与右操作数的值按位与。如：a & = b 相当于 a=a & b
| =	将左边变量与右操作数的值按位或。如：a | = b 相当于 a=a | b
^ =	将左边变量与右操作数的值按位异或。如：a ^ = b 相当于 a = a ^ b
<< =	将左边变量左移，具体位数由右操作数的值决定。如：a << = b 相当于 a = a << b
>> =	将左边变量右移，具体位数由右操作数的值决定。如：a >> = b 相当于 a = a >> b

6.8　扩充内容：逗号运算符

逗号运算符可以把多个表达式组合在一起，逗号运算符返回的值为逗号右边的值。

扩充内容：逗号运算符

```
y = ( x = 1, x + 2 );
```

首先将 1 赋给 x，再执行加 2 的操作，将逗号右边的值赋给 y，即 y 的值为 3。

逗号运算符本质上是将多个运算组合在一起，从左至右逐个运算，最后将逗号右边的值赋给等号左边的变量。

```
x = 1;
y = ( x = x + 2, x = x * 3, x - 5 );
```

首先执行逗号最左边的表达式"x = x + 2"，x 的值变为 3；其次执行"x = x * 3"，x 的值变为 9；最后执行"x - 5"，y 的值为 4。

6.9 习题

6.9.1 基本循环语句

1. 程序段如下，则以下说法中正确的是（ ）。

```
int k=5;
do{
    k--;
}while(k<=0);
```

    A. 循环体语句执行 5 次   B. 该循环是无限循环

    C. 循环体语句一次也不执行   D. 循环体语句执行一次

2. 设 i 和 x 都是 int 类型，则 for 循环语句（ ）。

```
for(i=0,x=0;i<=9&&x!=876;i++) scanf("%d",&x);
```

    A. 最多执行 10 次   B. 最多执行 9 次   C. 是无限循环   D. 一次也不执行

3. 下述 for 循环语句（ ）。

```
int i,k;
for(i=0,k=-1;k=1;i++,k++) printf("* * * *");
```

    A. 判断循环结束的条件非法   B. 是无限循环

    C. 只循环一次   D. 一次也不循环

4. 程序段如下，则以下说法中正确的是（ ）。

```
int k=-20;
while(k=0) k=k+1;
```

    A. 循环体语句执行 20 次   B. 该循环是无限循环

    C. 循环体语句一次也不执行   D. 循环体语句执行一次

5. 读程序并写结果。

```
#include <stdio.h>
int main()
{
    int num=0;
    while(num<=2){
        num++; printf("%d\n",num);
    }
    return 0;
}
```

6. 读程序并写结果。

```
#include <stdio.h>
int main(){
    int i=0,s=0;
    do{
        s+=i*2+1; printf("i=%d,s=%d\n",i,s); i++;
    }
    while(s<10);
    return 0;
}
```

7. 读程序并写结果。

```
#include <stdio.h>
int main()
{
    int i,m=1;
    for(i=5;i>=1;i--){
        m=(m+1)*2;
        printf("m=%d\n",m);
    }
    return 0;
}
```

6.9.2 嵌套循环

1. 下列程序段执行后，k 值为（　　　　）。

```
int k=0,i,j;
for(i=0;i<5;i++)
   for(j=0;j<3;j++)
   k=k+1 ;
```

  A. 15   B. 3   C. 5   D. 8

2. 读程序并写结果。

```
#include <stdio.h>
int main(){
    int i,j;
    for(i=0;i<=3;i++){
        for(j=0;j<=i;j++)
            printf("(%d,%d),",i,j);
        printf("\n");
    }
    return 0;
}
```

6.9.3 跳转语句

1. 程序段如下，则以下说法中不正确的是（　　　　）。

```
#include <stdio.h>
int main()
{
    int k=2;
    while(k<7)
    {
```

```
        if(k%2) {k=k+3; printf("k=%d\n",k);continue;}
        k=k+1;
        printf("k=%d\n",k);
    }
    return 0;
}
```

  A. k=k+3;执行一次　 B. k=k+1;执行 2 次

  C. 执行后 k 值为 7　 D. 循环体只执行一次

2. 输出以下图形，完成程序填空。

```
            *
          * * *
        * * * * *
      * * * * * * *
        * * * * *
          * * *
            *
```

```c
#include <stdio.h>
int main()
{ int i,j,k;
    for (i=0;i<= ___(1)___ ;i++)
      { for (j=0;j<=2-i;j++)  printf(" ");
        for (k=0;k<= ___(2)___ ;k++)  printf("*");
         ___(3)___
      }
    for (i=0;i<=2;i++)
      { for (j=0;j<= ___(4)___ ;j++)
           printf(" ");
        for (k=0;k<= ___(5)___ ;k++)
          printf("*");
        printf("\n");
      }
    return 0;
}
```

6.9.4　循环应用

1. 编写一个程序，模拟具有加、减、乘、除 4 种运算功能的简单计算器。

2. 猴子吃桃问题。猴子第 1 天摘下若干个桃子，当即吃了一半，还不过瘾，又多吃了一个。第 2 天早上又将剩下的桃子吃掉一半，又多吃一个。以后每天早上都吃了前一天剩下的一半并多一个。到第 10 天早上想再吃时，见只剩下一个桃子了。编写程序，求第一天共摘了多少个桃子。

3. 编写程序，求出 0～200 中能被 4 整除并余 3 的数。

  利用 for 循环变量从 0～200，对其中的每个数进行判断，若满足条件则输出。

4. 百马百担问题。现有 100 匹马，100 担货，大马驮 3 担，中马驮 2 担，两匹小马驮 1 担。编写程序，求大马、中马和小马各需多少匹。

100 担货可以确定大马的取值范围为 0～33 匹，中马的取值范围为 0～50 匹，可用 for 循环嵌套来求解。

5. 现有一张 100 元钞票，专门用来购买 3 元、4 元和 5 元的商品。编写程序，求总共有多少种买法可以恰好将 100 元花完。

假设 3 元、4 元和 5 元的商品分别有 x、y 和 z 件，则 x 的取值范围为 0～33，y 的取值范围为 0～25，z 的取值范围为 0～20，可以利用 for 循环穷举进行判断求解。

6. 百鸡问题。若 1 只公鸡 5 钱，1 只母鸡 3 钱，3 只小鸡 1 钱，现有 100 钱，要买 100 只鸡，编写程序，求应买公鸡、母鸡和小鸡各多少只。

利用 for 循环穷举所有可能的组合，并利用选择结构输出符合要求的组合；公鸡的取值范围为 0～20 只，母鸡的取值范围为 0～33 只，小鸡的取值范围为 100 减去公鸡和母鸡的数量。

第7章
同一类型多个元素的集合——数组

程序经常使用同类型的数据。例如，要处理某个班级的学生成绩信息，如果只有几个学生，可以使用几个同类型的变量，如下所示。

```
int mark0, mark1, mark2, mark3, mark4;
```

这样，便可以存放 5 个学生的成绩。但如果是几百人呢？要一直这么写下去吗？如果读者觉得继续写下去没什么不妥的话，那几千甚至几万人呢？所以，如何合理组织大量同类型的数据是一个重要的问题。

合理组织的含义包括：

（1）为每个数据分配存储空间；

（2）能对每个数据进行读写和查找操作。

在这种应用背景下，数组应运而生，它成功地解决了上述问题。

7.1　一维数组

一维数组是长度固定的数组，其存储空间是一片连续的内存空间。本节将讲解一维数组的概念及其应用。

一维数组的声明和
初始化

7.1.1　一维数组的声明和初始化

数组在使用之前必须先进行声明,在本小节中将分两部分介绍一维数组：声明和初始化。

1. 一维数组的声明

数组的声明方式与声明变量类似，只是数组的声明比变量的声明后面多一个用方括号括起来的数组长度，其声明形式如下。

```
类型　数组名[长度];
```

示例如下。

```
int x[100];
```

表示声明一个长度为 100 的整型 x 数组，其中每一个元素的数据类型都为整型。其存储结构如表 7-1 所示。

表 7-1　　　　　　　　　　　　　　数组 x 在 VC++中的存储结构

序号	相对存储位置	数组元素
1	0	x[0]
2	4	x[1]
3	8	x[2]
...	...	...
100	396	x[99]

数组 x 所占字节数=数组元素个数（100）×数据类型字长（4）。

2. 一维数组的初始化

数组定义后未初始化时各元素的初值是"0xCC"，一般需要对数组元素赋初值。一维数组的初始化是指在定义数组时就给数组赋予初始值。一维数组初始化的形式如下所示。

类型　数组名[长度] = {数值};

其中数值中的每个数据要用逗号分开，如下所示。

int x[10] = {0,1,2,3,4,5,6,7,8,9};

上述初始化为对整个数组的赋值，也可以单独对每个数组中的元素赋值，如下所示。

```
x[0] = 0;
x[1] = 1;
x[2] = 2;
...
x[9] = 9;
```

在初始化数组的过程中，应注意以下 4 个方面。

（1）若对数组中的所有元素都赋予了初始值，可以不用指定数组的大小，系统将自动根据赋值的个数来确定数组的大小，如下所示。

int x[] = {1,2,3,4,5};

上述程序中，系统根据其赋值的个数，自动将 x 数组的大小确定为 5。

（2）若只对数组中的部分元素赋予初始值，则系统会自动为其他元素赋初始值 0，如下所示。

int x[10] = {1,2,3,4,5};

系统会自动为 x[5]～x[9]赋予初始值 0。

（3）若只声明数组，而不为数组赋值，则数组中的元素值是不确定的，如下所示。

int x[10];

x[0]～x[9]中的元素值不能确定，不能进行运算。

（4）C 语言数组的大小只能是常量，而不能使用变量。例如，下面对数组的声明是错误的。

```
int i=100;
int a[i];
```

7.1.2　一维数组的引用

声明一维数组后，若要使用数组中的元素则需引用，其引用形式如下。

数组名[下标];

"下标"即要引用的元素在数组中的位置。一个大小为 n 的数组下标可以为 0～n-1。例如，

x[1]和 x[5]分别为引用 x 数组的第 2 个元素和第 6 个元素。

　　初学者在引用数组中的元素的时候，经常会出现数组越界的情况。代码如下所示。

```
/*源文件: 7_1.c*/
#include <stdio.h>    /*包含 stdio.h 头文件*/
int main()
{
    int a = 1, c = 2;
    int b[5], i;

    for (i = 0; i < 8; i++)
    {
        b[i] = i;//当 i 为 5 时，数组越界
        printf("%d  ",b[i]);//把数组中的每个元素输出。
    }
    printf("\nc = %d  a = %d\n",c,a);
    return 0;
}
```

编译以上程序没有出现错误和警告信息，这意味着编译器不会检查是否越界引用数组元素。
运行以上程序，输出信息如下。

```
0 1 2 3 4 5 6 7
c = 5 a = 6
Press any key to continue
```

由输出的变量 c 和 a 的数据可以看出，当数组越界时，无论是引用还是赋值，都将访问数组以外的空间，那里的数据是未知的，不受我们掌控，可能带来严重的后果，如图 7-1 所示。

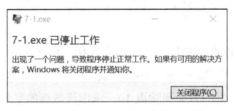

图 7-1　数组越界导致程序停止工作

7.1.3　一维数组的实例

一维数组的实例

一重循环实现一维数组遍历，代码如下所示。

```
int a[9];
//数组元素赋值
for(i=0; i<9; i++)
    a[i]=0;
//读入数据到数组
for(i=0; i<9; i++)
  scanf("%d",&a[i]);
//数组元素求和
for(i=0; i<9; i++)
    sum  += a[i];
```

例1：将 10 个数 1、3、5、6、7、34、67、22、56、76 存于数组中，求出这 10 个数的平均数，并将结果输出至屏幕上。

分析　本例中给出的 10 个数都为整型数，可用大小为 10 的整型数组存放这 10 个数。定义一个变量来计算其总和；另外定义一个变量来计算平均值，最后输出该变量，该变量即为这 10 个数的平均值。

```
01 /*源文件: demo7_2.c*/
02 #include<stdio.h> /*包含 stdio.h 头文件*/
03 int main()
04 {
05   int x[10] = {1,3,5,6,7,34,67,22,56,76};/*定义一个整型数组 x，并对其进行初始化*/
06   int i, sum = 0;/*定义整型变量 i 和 sum, sum 赋初始值 0*/
07   float aver;
08   for(i = 0; i<10; i++)
09   {
10       sum = sum + x[i];        /*计算 x 数组中每个元素的累加和*/
11   }
12   aver = sum/10.0;/*求 10 个数的平均数*/
13   printf("the average is %f\n", aver);
14
15   return 0;
16 }
```

本例是数组应用的简单范例，详细代码分析如下。

- 第 5 行定义了一个整型 x 数组，其长度为 10，并对该数组进行了初始化。

- 第 6 行定义了两个整型变量 i 和 sum，其中 i 用于 for 循环中作为循环变量；sum 用于计算数组中元素的累加和。

- 第 7 行定义了一个浮点型变量 aver，用于保存计算出的平均数。

- 第 8～9 行为 for 循环，通过 for 循环计算数组中各个元素的和，并将结果保存至 sum 中。

- 第 12 行将数组中元素的累加和除以 10，求出该数组的平均数。

该程序的执行结果如下所示。

```
the average is 27.700000
Press any key to continue
```

例2：现有一数组，将数组中的元素按逆序输出。

分析　要将数组中的元素按逆序输出，例如，3、5、2、7、10 逆序输出为 10、7、2、5、3，可定义另外一个长度一样的数组，将原来数组中的元素逆序赋值给该数组，最后输出即可。

```
01 /*源文件: demo7_3.c*/
02 #include<stdio.h>
03 void main( )
04 {
05   int x[5]={3,5,2,7,10},i,y[5];
06   /*for 循环控制 i 从 4 变化至 0*/
07   for(i = 4; i >= 0; i--)
08   {
09       y[4-i]=x[i];        /*将数组 x 中元素逆序存储在数组 y 中*/
10   }
```

```
11
12  for(i=0;i<5;i++)
13  {
14      printf("%d,", y[i]);
15  }
16
17  printf("\n");
18 }
```

本例实现数组元素的逆序输出，第 7～10 行为 for 循环，将数组 x 中的数据逆序存储至 y 数组中。该程序的执行结果如下所示。

```
10,7,2,5,3,
Press any key to continue
```

上述程序通过另外一个数组存储数组的逆序元素，实现数组元素的逆序输出。其实只要将数组 x 中的元素倒着输出即可。

例 3：用数组实现输出 Fibonacci 数列的前 20 项，Fibonacci 数列为 1、1、2、3、5、8……。

分析　Fibonacci 数列前两项为 1，后一项等于前两项之和，可用数组求解。令 x 数组中的 x[0]和 x[1]为 1，x[n]=x[n-1]+x[n-2]（x≥2），即可求解第 n 个元素。利用该公式计算 Fibonacci 数列的前 20 个数，然后输出即可。

```
01 /*源文件: demo7_4.c*/
02 #include<stdio.h>
03
04 void main()
05 {
06  int i;
07  int x[20]={1,1};/*定义数组 x 并初始化部分元素*/
08  for(i=2; i<20; i++)
09  {
10      x[i] = x[i-1] + x[i-2];/*数组 x 后一项等于前两项之和*/
11  }
12
13  for(i=0; i<20; i++)
14  {
15      printf("%d,", x[i]);
16  }
17 }
```

本例利用数组求解 Fibonacci 数列，详细代码分析如下。

- 第 7 行定义了一个长度为 20 的整型 x 数组，对数组的前两个数赋值为 1，其他的元素系统将赋值为 0。
- 第 8～11 行为 for 循环，将前两个数的和赋给相应的元素，即求得 Fibonacci 数列。

该程序的执行结果如下所示。

```
1,1,2,3,5,8,13,21,34,55,89,144,233,377,610,987,1597,2584,4181,6765,
```

例 4：从键盘输入 10 个数，将这 10 个数按从小到大的顺序输出至屏幕上。

分析　从键盘输入数据至数组中，可通过 scanf()函数实现。对数组中的元素进行排序可采用冒泡排序法来实现。冒泡排序的思想为：将要排列的数据依次进行相邻元素的比较，若为从小到大排列，则将相邻元素的小者放前面，大者放后面，这样值小的元素就会逐步升至元素的起始位置。对待排序数据进行一次比较，则称为一趟冒泡。第一趟冒泡可将最小值放置在待排序数据的起始位置，第二趟冒泡可将剩余数据中最小的元素放于第二个位置。n 个待排序的元素经过 n-1 趟冒泡即可得到正确的排序序列。

```
01  /*源文件: demo7_5.c*/
02  #include <stdio.h>
03  void  main()
04  {
05    int x[10],i,j,k;
06    printf("input the number\n");
07    for(i=0; i<10; i++)
08    {
09        /*调用 scanf()函数从键盘获取字符至保存至数组中*/
10        scanf("%d",&x[i]);
11    }
12    for(i=0; i<9; i++)
13    {
14        for(j=9; j>i; j--)
15        {
16            if(x[i]>x[j])/*若 x[i]大于 x[j],则交换 x[i]和 x[j]的值*/
17            {
18                k   = x[i];
19                x[i] = x[j];
20                x[j] = k;
21            }
22        }
23    }
24
25    printf("the sort number is:  ");
26    for(i=0; i<10; i++)
27    {
28        /*利用 for 循环和 printf()函数输出已排好序的数组*/
29        printf("%d,",x[i]);
30    }
31    printf("\n");
32  }
```

本例利用数组对数据采用冒泡法进行排列，详细代码分析如下。

- 第 7~11 行，通过 for 循环和 scanf()函数实现 10 个数据的输入。

- 第 12~23 行为冒泡排序，总共进行了 9 趟冒泡，第一趟冒泡将最小的数放置于 x[0]中，第 2 趟冒泡将剩余数中的最小者放于 x[1]。以此类推，经过 9 趟冒泡后即可将数列排好序。

该程序的执行结果如下所示。

```
input the number
12✓
10✓
13✓
5✓
2✓
4✓
98✓
```

```
5✓
2✓
3✓
the sort number is:  2,2,3,4,5,5,10,12,13,98,
Press any key to continue
```

7.2　二维数组

在实际应用中，有很多问题需要用到二维或多维数组，用一维数组很难解决。例如，有 3 个小分队，每队有 6 名队员，要把这些队员的工资用数组保存起来，以备查看，这就需要用到二维数组，如图 7-2 所示。

	队员1	队员2	队员3	队员4	队员5	队员6
1分队	2456	1847	1243	1600	2346	2757
2分队	3045	2018	1725	2020	2458	1436
3分队	1427	1175	1046	1976	1477	2018

图 7-2　工资表

在 C 语言中，表格和矩阵通常使用二维数组存放，把二维数组写成行（row）和列（column）的排列形式，有助于形象化地理解二维数组的逻辑结构。

7.2.1　二维数组的定义

二维数组的定义

定义二维数组的一般格式如下。

类型说明符　数组名[整型常量1][整型常量2]

与一维数组相类似，类型说明符是全体数组元素的数据类型；数组名用标识符表示；两个整型常量分别代表数组具有的行数和列数。二维数组可以看作一个矩阵。第一个下标表示行位置，第二个下标表示列位置。数组元素的下标一律从 0 开始。

```
int a[2][3];
```

其功能如下。

（1）定义了整型二维数组 a，其数组元素的类型是 int。

（2）a 数组有 2 行 3 列，共 2×3=6 个数组元素。

（3）a 数组行下标为 0、1，列下标为 0、1、2。A 数组的元素是：a[0][0]，a[0][1]，a[0][2]，a[1][0]，a[1][1]，a[1][2]。

（4）编译程序时将为 a 数组在内存中开辟 2×3=6 个连续的存储单元，用来存放 a 数组的 6 个数组元素。C 语言存储数组的方式为按行存放。即先依次存放 0 行的 3 个数组元素：a[0][0]，a[0][1]，a[0][2]。然后再存放 1 行的 3 个数组元素：a[1][0]，a[1][1]，a[1][2]。二维数组的存储如图 7-3 所示。

a[0][0]	a[0][1]	a[0][2]	a[1][0]	a[1][1]	a[1][2]

图 7-3　二维数组的存储

（5）在 C 语言中，二维数组 a 的每一行都可以看作一个一维数组，用 a[i]表示第 i 行构成的一维数组的数组名，二维数组 a 有两个数组元素：a[0]、a[1]，而 a[0]、a[1]均是包含 3 个元素的一维数组。

a[0]数组中的元素：a[0][0]，a[0][1]，a[0][2]。

a[1]数组中的元素：a[1][0]，a[1][1]，a[1][2]。

二维数组的初始化

7.2.2　二维数组的初始化

二维数组的初始化格式如下。

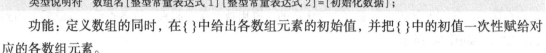

功能：定义数组的同时，在{ }中给出各数组元素的初始值，并把{ }中的初值一次性赋给对应的各数组元素。

如果希望从键盘依次为数组元素输入数据，可以采用如下循环嵌套语句。

```
for(i=0;i<2;i++)
    for(j=0;j<3;j++)
        scanf("%d",&a[i][j]);
```

二维数组的初始化有以下几种常见的形式。

1.　分行进行初始化

```
int a[2][3]={{1,2,3},{4,5,6}};
```

在{ }内部再用{ }把各行的初始值分开，第一对{}中的值 1、2、3 赋给第零行的 3 个元素，作为其初值；第二对{}中的值 4、5、6 赋给第一行的 3 个元素，作为其初值。相当于执行如下语句。

```
int a[2][3];
a[0][0]=1;a[0][1]=2;a[0][2]=3;a[1][0]=4;a[1][1]=5;a[1][2]=6;
```

2.　不分行的初始化

```
int a[2][3]={1,2,3,4,5,6};
```

将所有初始值放在{}内，把{}中的数据按数组在内存中的存放次序，依次赋给 a 数组的各元素，即 a[0][0]=1;a[0][1]=2;a[0][2]=3;a[1][0]=4;a[1][1]=5;a[1][2]=6;。

3.　为部分数组元素进行初始化

```
int a[2][3]={{1,2},{4}};
```

第一行只有 2 个初值，按顺序分别赋给 a[0][0]和 a[0][1]；第二行的初值 4 赋给 a[1][0]；其他数组元素的初值为 0。

4.　第一维大小的确定

第一维大小的确定需分两种情况。

（1）分行初始化时，第一维的大小由花括号的个数来决定。

```
int a[][3]={{1,2},{4}};等价于 int a[2][3]={{1,2},{4}};
```

（2）不分行初始化时，系统会根据提供的初值个数和第二维的长度确定第一维的长度。第一维的大小按如下规则确定：初值个数能被第二维的长度整除，所得的商就是第一维的大小；若不能整除，则第一维的大小为商再加 1。

```
int a[][3]={1,2,3,4};等价于: int a[2][3]={1,2,3,4};
```

注意　可以省略第一维的定义，但第二维的定义不能省略。

7.2.3　二维数组元素的引用

二维数组元素的表示形式如下。

数组名[行下标表达式][列下标表达式]

二维数组元素的
引用

同一维数组一样，下标只能表示为整型常量或整型表达式形式，如为小数时，C 语言编译系统将自动取整，下标值应在已定义的数组大小的范围内，数组元素可以被赋值，可以输出，任何可以出现变量的地方都可以使用同类型的数组元素。

例如，若有以下数组定义。

int a[2][3], i=1, j=2, k=0;

则 a[0][1]表示 a 数组中第 0 行第 1 列位置上的元素。a[i][k]、a[j-1][i]、a[1][j+k]都是对 a 数组元素的合法引用，而以下都是错误的引用。

```
a[2][3]    /*a 数组行下标为 0、1，列下标为 0、1、2。所以 a[2][3]下标越界。*/
a[i+j][2]  /*即 a[3][2]，行下标越界。*/
a[1,0]     /*行、列下标应分别放在各自的方括号里，即 a[1][0]。*/
a(1)(2)    /*下标应放在方括号里，而不是圆括号中。*/
```

7.2.4　二维数组应用举例

例：输入 2 个学生的学号和 3 门课的成绩，求每个学生的平均成绩，输出所有学生的学号、3 门课的成绩和平均成绩。

二维数组应用举例

分析　建立一个 2 行 5 列的实型二维数组，其中，第 0 列存放学号，第 1、2、3 列存放 3 门课的成绩，第 4 列存放平均成绩。首先依次输入 2 个学生的学号和 3 门课的成绩，存放到数组的第 0、1、2、3 列；其次计算 3 门课的平均成绩，并存放第 4 列。对每个学生重复执行以上操作，最后依次输出所有学生的学号、3 门课的成绩和平均成绩。

```
/*源文件：demo7_6.c*/
//定义常量 N 为学生人数
#define N 2
#include<stdio.h>
main()
{
int i,j=0;
int a[N][5];
printf("请输入%d 个学生的%d 门课程成绩：\n",N,3);
for(i=0; i<N; i++)
{/*输入 N 个学生的数据*/
    /*for(j=0;j<4;j++)
    {//输入学号、C 语言、高数、英语
        scanf("%d", &a[i][j]);
    }*/
```

```
        scanf("%d %d %d %d", &a[i][0],&a[i][1],&a[i][2],&a[i][3]);
}

for(i=0; i<N; i++)    /*求 N 个学生的平均成绩*/
{//因为刚才输入数据时，没有给平均成绩列输入数据
    //所以这里需要赋初值
    a[i][4]=0;
    for(j=1;j<4;j++)
    {/*求第 i 个学生的 3 门课程成绩和*/
        a[i][4] += a[i][j];
    }
    /*求第 i 个学生的平均成绩*/
    a[i][4]/=3;
}

printf("学号\tC 语言\t 高数\t 英语\t 平均成绩\n");
for(i=0; i<N; i++)
{ /*输出第 i 个学生的学号*/
    for(j=0; j<5; j++)
    {
        /*输出第 i 个学生的 3 门课成绩和平均成绩*/
        printf("%d\t",a[i][j]);
    }
    printf("\n");        /*每输出完一个学生的数据，立即换行*/
}
}
```

运行结果如下。

```
请输入 2 个学生的 3 门课程成绩：
1 80 90 70✓
2 90 80 60✓
学号    C 语言    高数    英语    平均成绩
1       80        90      70      80
2       90        80      60      76
Press any key to continue
```

7.3 字符数组

存放字符型数据的数组称为字符数组，其中每个数组元素存放的值都是
单个字符。

字符数组

7.3.1 字符数组的定义

字符数组也是数组，只是数组元素的类型为字符型，所以字符数组的定
义与一般的数组类似，只是定义字符数组时类型说明符为 char。

`char a[6];`//定义具有 6 个数组元素的字符数组 a，可以存放 6 个字符型数据。

```
char b[2][5]//定义2行5列的二维字符数组a，每一行可存放5个字符型数据。
```

7.3.2 字符数组的初始化

可使用字符常量或相应的 ASCII 码值对字符数组进行初始化，如下所示。

```
char c[6] = {'h','e','l','l','0','!'};
```

功能是把 6 个字符逐个赋给数组中的各元素。初始化后数组的状态如图 7-4 所示。

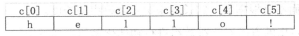

c[0]	c[1]	c[2]	c[3]	c[4]	c[5]
h	e	l	l	o	!

图 7-4 字符数组的存储

说明以下两点。

（1）如果花括号中提供的初值个数（即字符个数）小于数组长度，则只将这些初值赋给数组中前面的相应元素，其余的元素自动赋值为空字符（'\0'）。

（2）如果提供的初值个数与要定义的数组长度相同，在定义时可以省略数组长度，系统会自动根据初值个数确定数组长度，如下所示。

```
char a[] = {'a','b','c','d'};//数组的长度自动定义为4
```

7.3.3 字符数组的引用

引用字符数组中的一个元素，可以得到一个字符。凡是可以使用字符数据的地方，均可以引用字符数组的元素。

例：输出字符数组中的字符。

```
/*源文件: demo7_7.c*/
#include<stdio.h>
main()
{
char c[6] = {'h','e','l','l','0','!'};
int i;
for(i=0; i<6; i++)
{
    printf("%c",a[i]);// 格式符"%c"输入或输出一个字符
}
printf("\n");
}
```

7.4 字符数组与字符串

C 语言中，字符串常量是由一对双引号（""）括起来的字符序列，如 "a" "hello"。C 语言规定，自动在每个字符串常量的结尾加一个字符串结束标志，即'\0'，以便系统据此判断字符串是否结束。因此'a'和'a'的意义截然不同，前者是字符常量，只包含一个字符；后者是字符串常量，包含两个字符。

7.4.1 字符串的初始化

C语言没有提供存放字符串的变量，通常用一个字符数组来存放一个字符串。字符串总是以'\0'作为结束符，因此当把一个字符串存入一个数组时，也要把结束符'\0'存入数组，并以此作为该字符串结束的标志。有了'\0'标志后，字符数组的长度就显得不那么重要了，在程序中往往依靠检测'\0'的位置来判断字符串是否结束，而不是根据数组的长度来决定字符串的长度。

字符串的初始化

C语言允许用字符串的方式对字符数组进行初始化赋值，如下所示。

```
char c[] = {'h','e','l','l','o','\0'};
```

可写为如下形式。

```
char c[] = {"hello!"};
```

或去掉{}写为如下形式。

```
char c[] = "hello!";
```

说明以下两点。

（1）用字符串方式赋值比用字符逐个赋值要多占一个字节，这个字节用于存放字符串结束标志'\0'，此时数组 c 在内存中的实际存放情况如图 7-5 所示。

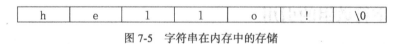

图 7-5　字符串在内存中的存储

数组 c 占用 7 个字节。'\0'是由 C 语言编译系统自动加上的。

（2）以字符常量的形式对字符数组进行初始化，给各个元素赋初值时，系统不会自动在最后一个元素后加'\0'，如下所示。

```
char str1[]={'C','H','I','N','A'};或char str1[5]={'C','H','I','N','A'};
```

如果没有结束标志，但要加结束标志，则必须明确指定。

```
char str1[]={'C','H','I','N','A','\0'};
```

（3）若要定义一个字符数组，用来存放有 k 个字符的字符串，则定义时字符数组的长度至少为 k+1，一定要留一个数组元素来存放字符串结束符；否则字符串没有结束标志，处理字符串时可能会出现错误。

```
/*源文件: demo7_8.c*/
#include<stdio.h>
main()
{
  char c[] = {'h','e','l','l','o','!'};
  char s[3] = "aaa";
  printf("%s\n",s);
   printf("%s\n",c);
}
```

程序输入内容后会出现如下所示的乱码错误。

```
hello!烫€
aaa 屲 ello!烫€
Press any key to continue
```

7.4.2　字符串的输入输出

字符数组的输入输出有 3 种方法。

1. 使用 scanf 函数和 printf 函数整体输入或输出字符数组中的字符串

在采用字符串方式给字符数组赋值后，字符数组的输入输出将变得简单方便，可以使用 scanf 函数和 printf 函数中的 "%s" 格式符一次性输入或输出一个字符数组中的字符串，而不必使用循环语句逐个地输入或输出每个字符。

字符串的输入和输出

例：使用 printf 函数中的 "%s" 格式符输出字符数组中的字符串。

```
/*源文件: demo7_8.c*/
#include<stdio.h>
main()
{
    char s[] = "aaa";
    printf("%s\n",s);
}
```

说明以下 3 点。

（1）输出结果字符串中不包括字符串结束符'\0'。

（2）在 printf 函数中，使用 "%s" 格式符输出字符串时，在输出表列中给出的输出项必须是数组名，不能是数组元素名，如 "printf("%s",s[0]);" 是错误的。

（3）在 printf 函数中，使用 "%s" 格式符输出字符数组中存放的字符串时，依次输出字符数组中的各字符，遇到第一个'\0'时结束输出，不管是否输出完所有的数组元素，如下所示。

```
char c[15]={"Beijing\0China"};
printf("%s\n",c);
```

上述代码只输出 "Beijing" 7 个字符。

例：使用 scanf 函数中的 "%s" 格式符把字符串存入字符数组。

```
/*源文件: demo7_9.c*/
#include<stdio.h>
main()
{
    char st[15];//字符数组如果不进行初始化赋值, 则必须说明数组长度。
    printf("input string:\n");
    scanf("%s",st);
    printf("%s\n",st);
}
```

说明以下 3 点。

（1）scanf 函数的各输入项必须以地址方式出现，C 语言规定，数组名代表该数组的首地址。整个数组是以首地址开头的一块连续的内存单元。因此 scanf 函数中的输入项的字符数组名为 st，在 st 前面不能再加地址运算符&。如写成 "scanf("%s",&st);" 则是错误的。

（2）由于数组 st 的长度定义为 15，因此输入的字符串长度必须小于 15，以留出一个字节用于存放字符串结束标志'\0'。

（3）当用 scanf 函数输入字符串时，字符串中不能含有空格和回车，因为这些是输入数据的结束标志。

2. 用 gets 和 puts 函数输入或输出字符串

由于 gets 和 puts 函数均在文件 stdio.h 中定义，因此要使用这两个函数，就必须在程序开头加上命令行：#include<stdio.h>。

gets 函数的调用形式如下。

```
gets(str)
```

功能　从键盘输入字符串，直到输入换行符为止，并把输入的字符串存入已定义的数组 str 中，然后用'\0'代替换行符。使用 gets 函数可以输入包含空格的字符串。

puts 函数的调用形式如下。

```
puts(str)
```

功能　把已定义的字符数组 str 中存放的字符串输出到屏幕上，并换行。

例：用 gets 和 puts 函数输入或输出字符串。

```
/*源文件：demo7_10.c*/
#include<stdio.h>
main()
{
char a[15],b[]="I am fine.\nThank you!";
printf("input string:\n");
gets(a);
puts(a);
puts(b);
}
```

运行结果如下。

```
input string:
How are you.
How are you.
I am fine.
Thank you!
Press any key to continue
```

7.4.3　字符串应用举例

字符串应用举例

例：自己编写程序（不使用 strlen 函数），输入字符串，并求字符串长度。

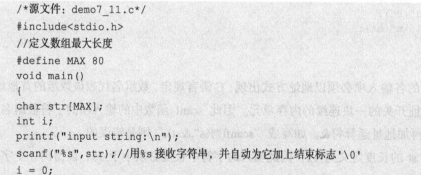

```
/*源文件：demo7_11.c*/
#include<stdio.h>
//定义数组最大长度
#define MAX 80
void main()
{
char str[MAX];
int i;
printf("input string:\n");
scanf("%s",str);//用%s接收字符串，并自动为它加上结束标志'\0'
i = 0;
while(str[i]!='\0'){
    i++;
}
```

```
printf("The length of the string is %d.\n",i);
}
```

运行结果如下所示。

```
input string:
abcdef
The length of the string is 6.
Press any key to continue
```

　　　上述程序只能接收不带空格的字符串，若输入带空格的字符串，则要用 gets 函数
注意　接收。

　　例：自己编写程序，实现字符串连接函数的功能。

　　分析　为了把 str2 字符串连接在 str1 字符串末尾，首先要找到 str1 字符串的末尾，即 str1
字符串的'\0'在 str1 数组中的位置。可用一个 while 循环来达到该目的，从 str1 字符串的第一个
字符开始，每循环一次，移动一次下标位置，直到遇到'\0'为止。然后再用一个 while 循环把 str2
字符串中的各字符依次存放到 str1 中，从末尾下标位置开始。

```
/*源文件: demo7_11.c*/
#include<stdio.h>
//定义数组最大长度
#define MAX 80
void main()
{
char str1[MAX],str2[MAX];

int i=0,j=0;
printf("please input string s1 and s2:\n");
gets(str1);
gets(str2);

while(str1[i] != '\0'){
    i++;
}
//str2逐个字符存入 str1 字符串末尾，直到 str2 字符串结束
while(str2[j] != '\0'){
    //把 str2 的第 j 个字符存放在 str1 中
    str1[i]=str2[j];
    i++;
    j++;
}
//在连接后的字符串 str1 末尾加上字符串结束符
str1[i]='\0';
printf("str1=%s\n",str1);
}
```

运行程序结果如下。

```
please input string s1 and s2:
abc✓
defg✓
```

```
str1=abcdefg
Press any key to continue
```

7.4.4 使用字符串处理函数

使用字符串处理
函数

在 C 语言函数库中提供了一些专门用来处理字符串的函数，这些函数使用起来比较方便。几乎所有版本的 C 语言编译系统都提供这些函数。下面介绍几种常用的函数。

1. strcat 函数——字符串连接函数

strcat 函数的一般形式如下。

strcat(字符数组1,字符数组2)

该函数的作用是把两个字符数组中的字符串连接起来，把字符串 2 连接到字符串 1 的后面，结果放在字符数组 1 中，函数调用后得到一个函数值——字符数组 1 的地址，如下所示。

```
char str1[30]= {"People's Republic of "};
char str2[]={"China"};
printf("%s", strcat(str1, str2));
```

输出如下。

```
People's Republic of China
```

连接前后的状况如图 7-6 所示。

str1:	P	e	o	p	l	e	'	s		R	e	p	u	b	l	i	c		o	f		\0	\0	\0	\0	\0	\0	\0	\0	\0
str2:	C	h	i	n	a	\0
str1:	P	e	o	p	l	e	'	s		R	e	p	u	b	l	i	c		o	f		C	h	i	n	a	\0	\0	\0	\0

图 7-6 字符串在内存中的存储

说明以下两点。

（1）字符数组 1 必须足够大，以便容纳连接后的新字符串。本例中定义 str1 的长度为 30，它是足够大的；如果在定义时改用 str1[]={"People's Republic of"}，就会出问题，因为其长度不够。

（2）连接前两个字符串的后面都有'\0'，连接时将字符串 1 后面的'\0'取消，只在新字符串的最后保留'\0'。

2. strcpy 函数——字符串复制函数

strcpy 函数的一般形式如下。

strcpy(字符数组1,字符串2)

strcpy 表示"字符串复制函数"，作用是将字符串 2 复制到字符数组 1 中去，如下所示。

```
char str1[10],str2[]="China";
strcpy(strl,str2);
```

执行后，strl 的状态如图 7-7 所示。

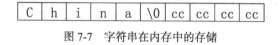

图 7-7 字符串在内存中的存储

说明以下 4 点。

（1）字符数组 1 必须定义得足够大，以便容纳被复制的字符串 2。字符数组 1 的长度不应小于字符串 2 的长度。

（2）"字符数组 1" 必须写成数组名形式（如 str1）；"字符数组 2" 可以是字符数组名，也可以是一个字符串常量，如下所示。

```
strcpy( str1, "China");
```

作用与前面相同。

（3）如果在复制前未对 str1 数组进行初始化或赋值，则 str1 各字节中的内容是无法预知的，复制时将 str2 中的字符串和其后的'\0'一起复制到字符数组 1 中，取代字符数组 1 中的前面 6 个字符，最后 4 个字符并不一定是'\0'，而是 str1 中原有的最后 4 个字节的内容。

（4）不能用赋值语句将一个字符串常量或字符数组直接赋给一个字符数组。字符数组名是一个地址常量，它不能改变值，正如数值型数组名不能被赋值一样。例如，下面两行都是不合法的。

```
str1="China";    //企图用赋值语句将一个字符串常量直接赋给一个字符数组
str1=str2;       //企图用赋值语句将一个字符数组直接赋给另一个字符数组
```

只能用 strcpy 函数将一个字符串复制到另一个字符数组中去。用赋值语句只能将一个字符赋给一个字符型变量或字符数组元素。例如，下面的语句是合法的。

```
char a[5], c1, c2;
c1='A'; c2='B';
a[0]='C'; a[1]='h'; a[2]='i'; a[3]='n'; a[4]='a';
```

3. strcmp 函数——字符串比较函数

strcmp 函数的一般形式如下。

```
strcmp(字符串 1,字符串 2)
```

strcmp 的作用是比较字符串 1 和字符串 2，如下所示。

```
strcmp(str1,str2);
strcmp("China","Korea");
strcmp(str1, "Beijing");
```

　　　　字符串比较的规则是，将两个字符串自左至右逐个字符地进行比较（按 ASCII 码值的大小进行比较），直到出现不同的字符或遇到'\0'为止。

（1）如全部字符相同，则认为两个字符串相等。

（2）若出现不相同的字符，则以第 1 对不相同的字符的比较结果为准，如下所示。

```
 "A"<"B","a">"A","computer">"compare","these">"that","1A">"$20","CHINA">"CANADA",
"DOG"<"cat","Tsinghua">"TSINGHUA"
```

　　　　如果参加比较的两个字符串都由英文字母组成，则有个简单的规律：在英文字典中位置靠后的为 "大"。例如，computer 在字典中的位置在 compare 之后，所以 "computer">"compare"。但应注意，小写字母比大写字母"大"，所以"DOG"<"cat"。

比较的结果由函数值带回。

（1）如果字符串 1 与字符串 2 相同，则函数值为 0。

（2）如果字符串 1>字符串 2，则函数值为一个正整数。

（3）如果字符串 1<字符串 2，则函数值为一个负整数。

注意，对两个字符串进行比较时，不能用以下形式。

```
if(str1>str2)
printf("yes");
```

因为 str1 和 str2 代表地址而不代表数组中的全部元素，所以只能用以下形式。

```
if(strcmp(str1,str2)>0)
printf("yes");
```

这时，系统分别找到两个字符数组的第一个元素，然后按顺序比较数组中各个元素的值。

4. strlen 函数——测试字符串长度的函数

strlen 函数的一般形式如下。

```
strlen (字符数组)
```

strlen 是测试字符串长度的函数。函数的值为字符串中的实际长度（不包括'\0'在内），如下所示。

```
char str[10]= "China";
printf("%d",strlen(str));
```

输出结果不是 10，也不是 6，而是 5。也可以直接测试字符串常量的长度，如下所示。

```
strlen("China");
```

7.5　习题

7.5.1　一维数组的定义和引用

1. 以下关于数组的描述正确的是（　　　）。

    A. 数组的大小是固定的，但可以有不同类型的数组元素。

    B. 数组的大小是可变的，但所有数组元素的类型必须相同。

    C. 数组的大小是固定的，且所有数组元素的类型必须相同。

    D. 数组的大小是可变的，且可以有不同类型的数组元素。

2. 下列定义数组的语句中正确的是（　　　）。

    A. #define N 10　　　B. int N=10;　　　　C. int x[0..10];　　　D. int x[ ];

       int x[N];　　　　　　int x[N];

3. 在定义 int a[10];之后，对 a 的引用正确的是（　　　）。

    A. a[10]　　　　　　B. a[6.3]　　　　　　C. a(6)　　　　　　D. a[10-10]

4. 以下程序的运行结果是（　　　）。

```
#include <stdio. h>
main()
{
    int s[12]={1,2,3,4,4,3,2,1,1,1,2,3}, c[5]={0}, i;
    for(i=0; i<12; i++)
        c[s[i]]++;
    for(i=1; i<5; i++)
```

```
        printf("%d", c[i]);
    printf("\n");
}
```

    A. 2 3 4 4   B. 4 3 3 2   C. 1 2 3 4   D. 1 1 2 3

5. 读程序并写结果。

```
#include <stdio.h>
int main()
{
    int a[8]={1,0,1,0,1,0,1,0},i;
    for(i=2;i<8;i++)
        a[i]+= a[i-1] + a[i-2];
    for(i=0;i<8;i++)
        printf("%5d",a[i]);
    return 0;
}
```

6. 读程序并写结果。

```
#include <stdio.h>
int main()
{
    int p[7]={11,13,14,15,16,17,18},i=0,k=0;
    while(i<7 && p[i]%2){
        k=k+p[i]; i++;
    }
    printf("k=%d\n",k);
    return 0;
}
```

7. 下面的程序是输出数组中最大元素的下标（p 表示最大元素的下标），请填空。

```
#include <stdio.h>
int main()
{
        _____(1)_____
    int s[]={1,-3,0,-9,8,5,-20,3};
    for(i=0,p=0;i<8;i++)
        if(s[i]>s[p]) _____(2)_____;
        ____(3)____
    return 0;
}
```

8. 用数组实现输出 Fibonacci 数列的前 20 项。Fibonacci 数列：1，1，2，3，5，8…。

    定义数组"int a[20]={1,1};"。

7.5.2 二维数组的定义和引用

1. 以下能正确定义数组并赋初值的语句是（   ）。

    A. int n=5,b[n][n];   B. int a[1][2]={{1},{3}};

    C. int c[2][]={{1,2},{3,4}}   D. int a[3][2]={{1,2},{3,4}}

2. 执行"int a[][3]={1,2,3,4,5,6};"语句后，a[1][0]的值是（   ）。

    A. 4   B. 1   C. 2   D. 5

3. 以下程序的运行结果是(　　　)。

```
#include <stdio.h>
main()
{
    int i,t[ ][3]={9,8,7,6,5,4,3,2,1};
    for(i=0;i<3;i++)
        printf("%d",t[2-i][i]);
}
```

　　　A. 3 5 7　　　　　　B. 7 5 3　　　　　　C. 3 6 9　　　　　　D. 7 5 1

4. 下列定义语句中错误的是（　　　）。

　　　A. int x[4][3]={{1,2,3},{1,2,3},{1,2,3},{1,2,3}};

　　　B. int x[4][]={{1,2,3},{1,2,3},{1,2,3},{1,2,3}};

　　　C. int x[][3]={{0},{1},{1,2,3}};

　　　D. int x[][3]={1,2,3,4};

5. 读程序并写结果。

```
void main()
{
    int a[3][3]={1,3,5,7,9,11,13,15,17};
    int sum=0,i,j;
    for (i=0;i<3;i++)
        for (j=0;j<3;j++)
        {
            a[i][j]=i+j;
            if(i==j)
                sum=sum+a[i][j];
        }
    printf("sum=%d",sum);
}
```

6. 输出行、列号之和为 3 的数组元素，请填空。

```
#include <stdio.h>
int main()
{   char ss[4][3]={'A','a','f','c','B','d','e','b',
                    'C','g','f','D'};
int x,y,z;
        for (x=0;   (1)   ;x++)
            for (y=0;   (2)   ;y++)
            {   z=x+y;
                    if (   (3)   )  printf("%c\n",ss[x][y]);
            }
    return 0;
}
```

7. 输入 5 个学生的学号和 3 门课的成绩，求每个学生的平均成绩。输出所有学生的学号、3 门课的成绩和平均成绩。

8. 求二维数组（5 行 3 列）中最大元素的值及其行列号。

7.5.3　字符数组

1. 以下不能正确赋值的是（　　　）。

A.　char s1[10];s1="test";

B.　char s2[]={'t','e','s','t'}

C.　char s3[20]= "test";

D.　char s4[4]={ 't','e','s','t'}

2. 以下程序的运行结果是（　　　）。

```c
#include <stdio.h>
#include <string.h>
main( )
{
    char p[20]={'a','b','c','d'}, q[]="abc", r[]="abcde";
    strcat(p,r);
    strcpy(p+strlen(q), q);
    printf("%d\n", strlen(p));
}
```

A.　11　　　　　　B.　9　　　　　　C.　6　　　　　　D.　7

3. 以下程序的运行结果是（　　　）。

```c
#include <stdio.h>
#include <string.h>
main()
{
    char a[20]="ABCD\0EFG\0", b[]="IJK";
    strcat(a, b)
    printf("%s\n", a);
}
```

A.　IJK

B.　ABCDE\0FG\0IJK

C.　ABCDIJK

D.　EFGIJK

4. 执行以下程序，并从键盘输入"name=Lili num=1001<回车>"后，name 的值为（　　　）。

```c
char name[20];
int num;
scanf("name=%s num=%d",&name, &num);
```

A.　name Lili num =1001

B.　name=Lili

C.　Lili num=

D.　Lili

5. 以下程序的运行结果是（　　　）。

```c
#include <stdio.h>
main( )
{
    char s[]={"012xy"};
    int i,n=0;
    for(i=0; s[i]!=0; i++)
        if(s[i]>='a'&&s[i]<='z') n++;
    printf("%d\n",n);
}
```

A.　0　　　　　　B.　2　　　　　　C.　3　　　　　　D.　5

6. 若有以下定义和语句，程序的运行结果是（　　　）。

```c
#include <stdio.h>
char s1[10]="abcd!",*s2="\n123\\";
printf("%d%d\n",strlen(s1), strlen(s2));
```

A.　10 7　　　　　B.　10 5　　　　　C.　5 5　　　　　D.　5 8

7. 以下程序的运行结果是（　　）。

```c
#include <stdio.h>
main( )
{
    char s[]="abcde";
    s+=2;
    printf("%d\n",s[0]);
}
```

　　A. 输出字符 c 的 ASCII 码　　　　　　B. 程序出错

　　C. 输出字符 c　　　　　　　　　　　　D. 输出字符 a 的 ASCII 码

8. 读程序并写结果。

```c
#include <stdio.h>
int main()
{
    int i,s;
    char s1[100],s2[100];
    printf("input string1:\n");  gets(s1);//输入 aid
    printf("input string2:\n");  gets(s2);//输入 and
    i=0;
    while ((s1[i]==s2[i])&&(s1[i]!='\0'))
    i++;
    if ((s1[i]=='\0')&&(s2[i]=='\0')) s=0;
    else s=s1[i]-s2[i];
        printf("%d\n",s);
    return 0;
}
```

9. 读程序并写结果。

```c
#include <stdio.h>
int main()
{
    char ch[3][5]={"AAAA","BBB","CC"};
    printf("\"%s\"\n",ch[1]);
    return 0;
}
```

10. 读程序并写结果。

```c
int main()
{
    char str[5][80],c[80];
    int i;
    for(i=0;i<5;i++)
        //输入 boy<回车>girl <回车>hi<回车>happy <回车>I<回车>
        gets(str[i]);
    strcpy(c,str[0]);
    for(i=1;i<5;i++)
        if(strlen(c)<strlen(str[i]))
            strcpy(c,str[i]);
    puts(c);
    return 0;
}
```

第 8 章
写程序就是写函数

相信读者都大致了解数学上"函数"的概念，如"$y=f(x)$"。且不论 f 的具体形式如何，其基本特点是"对一个 x（输入），有一个 y（输出）与之对应"。C 语言中，"函数"是一个重要的概念，是模块化编程的基础。

8.1　什么是函数

代码写多了就会发现一个问题，一些通用的操作，如交换两个变量的值、对一组变量进行排序等，可能在多个程序中都会用到。不仅如此，在单独一个程序中也可能会对某个代码段执行多次。如果在每次执行时都把代码段写一次，不仅会让程序变得很长，而且也会变得难以理解，使代码可读性下降。

什么是函数

为了解决以上问题，C 语言将程序按功能分割成一系列的小模块。所谓"小模块"，可理解为完成特定功能的可执行代码的集合，即"函数"。

8.1.1　函数的由来

"函数"是由英文 function 翻译而来的。其实，function 在英文中的意思既是"函数"，也是"功能"。从本质意义上来说，函数就是用来完成一定的功能的。这样，函数的概念就很好理解了，下面看一个例子。

```
/*源文件: demo8_1.c*/
#include <stdio.h>
#include <stdlib.h>
int main(void)
{
    int a;
    scanf("%d",&a);
    //负数的绝对值是它的相反数
    if(a < 0)
    {
        a = a * (-1);
    }
    else if( a >= 0 )
    {//正数和零的绝对值是它本身
```

```
        a = a;
    }
    printf("|a| = %d\n", a);
    return 0;
}
```

程序从定义一个整型变量 a 开始，输入一个值，求输入值的绝对值。负数的绝对值是它的相反数，正数和零的绝对值是它本身。

求一个数的绝对值的代码很简单，使用系统函数"abs()"就可以很容易地实现。函数"abs()"的功能是求整数的绝对值，使用这个函数只需要引用头文件"stdlib.h"就可以直接调用了。修改后的代码如下所示。

```
/*源文件：demo8_2.c*/
#include <stdio.h>
#include <stdlib.h>
int main(void)
{
    int a;
    scanf("%d",&a);
    //系统函数 abs()的功能是求整数的绝对值
    a = abs(a);

    printf("|a| = %d\n", a);
    return 0;
}
```

这里引用这个例子的目的是告诉大家函数的概念，函数是完成特定功能的代码集合。

C 语言提供了很多库函数，只要我们引入了函数头文件，就可以方便快捷地实现很多功能。例如，我们引入了"stdio.h"，就可以使用输入、输出函数"scanf()"和"printf()"。相信大家通过之前的学习已经可以很熟练地使用输入和输出函数了。除了能引用库函数之外，C 语言还能自定义函数。

8.1.2　分而治之与信息隐藏

前面内容中的程序都是规模相对较小的程序，实际应用中，典型的商业软件通常有数十万、数百万行代码，甚至更多。如果所有的代码都放到主函数中，首先程序员就不能忍受，因为不能快速弄清楚整个 main 函数的逻辑层次，代码可读性差，需要修改程序的时候，也必须考虑程序的所有逻辑，增加了解决问题的难度。一旦出了错误，也不能快速准确地定位。如果一个程序特别大，如有两三万行代码，需要多个人完成，又把这些代码都放到一个文件中的 main 函数中，那么多个人同时修改就一定会引起冲突，没有办法进行团队合作。

为了降低开发大规模软件的复杂度，程序员必须将大的问题分解为若干个小问题，小问题再分解为更小的问题。这种把较大的任务分解成若干个较小、较简单的任务，并提炼出公用任务的方法，称为"分而治之"，这是人们解决复杂问题的一种常用的方法。

模块化程序设计就体现了这种"分而治之"的思想。在结构化程序设计中，主要采用功能分解的方法来实现模块化程序设计，功能分解是一个自顶向下、逐步求精的过程，即一步一步地把大功能分解为小功能，从上到下、逐步求精、各个击破，直到完成最终的程序。模块化程序设计使程序不仅更容易理解，也更容易调试和维护。

函数是 C 语言中模块化程序设计的最小单位，既可以把每个函数都看作一个模块，也可以将若干个相关的函数合并成一个模块。如果把程序设计比作制造机器，那么函数就好比是它的零部件，可以将这些"零部件"单独设计、调试、测试好，用的时候拿出来装配，并进行总体调试。这些"零部件"既可以是自己设计的，也可以是别人设计的，还可以是现成的标准产品。

```
#include <stdio.h>
#include <stdlib.h>

int main(void)
{
    //to do

    system("pause");
    return 0;
}
```

一个简单的 C 语言程序结构就是上面代码所示的那样，首先是 include 头文件，目的是能够在 main() 函数中使用系统的库函数。例如，include 后接 stdio.h 头文件，我们就能够在 main 函数中使用输入、输出函数 scanf() 和 printf()，当程序编译或执行时，会从 main() 函数的第一行开始，直到最后一行。其结构如图 8-1 所示。

实践中，一个 C 语言程序往往包括若干个头文件和若干个源文件。头文件通常用于放置声明语句。源文件通常用于放置函数。一个 C 语言程序往往包含多个函数。可以说 C 语言程序的全部工作都是由各式各样的程序完成的，所以 C 语言被称为"函数式语言"。一个 C 语言程序有多个函数，但是有且只有一个 main() 函数，main() 函数是入口函数。也就是说，C 语言程序从 main() 函数开始执行，按顺序依次调用函数，系统目录结构如图 8-2 所示。

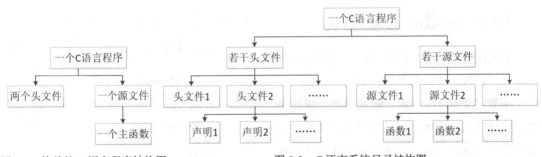

图 8-1　简单的 C 语言程序结构图　　　　图 8-2　C 语言系统目录结构图

从图 8-2 中可以看出，一个 C 语言程序可以由一个或多个源文件组成，一个源文件又可以由一个或多个函数组成。设计得当的函数可以把函数内部的信息（包括数据和具体操作的细节）对不需要这些信息的其他模块隐藏起来，即让这些模块不能访问，让使用者不必关注函数内部是如何做的，只需要知道它能做什么以及如何使用它即可，从而使得整个程序的结构更加紧凑，逻辑也更加清晰。这就是所谓的"信息隐藏"思想。显然，在进行模块化程序设计时，我们应该遵循信息隐藏的原则。

8.2 函数的分类和定义

8.2.1 函数的分类

函数的定义和分类

在 C 语言中，函数是构成程序的基本模块。程序的执行从 main() 函数的入口开始，到 main() 函数的出口结束，中间循环、往复、迭代地调用一个又一个的函数。每个函数分工明确，各司其职，对这些函数而言，main() 函数就像是一个"总管"。虽然 main() 函数有点特殊，但还是可以从使用者的角度对函数进行分类，将函数分为标准库函数和自定义函数两类。

1. 标准库函数

前面介绍了一些常用的标准库函数，如 printf()、scanf() 等。符合 ANSI C 标准的 C 语言编译器，都必须提供这些库函数。当然，函数的行为也要符合 ANSI C 标准。使用 ANSI C 的库函数，必须在程序的开头把该函数所在的头文件包含进来。例如，使用在 stdlib.h 内定义的 abs() 函数时，只要在程序的开头将头文件 stdlib.h 包含到程序中即可。

此外，还要有第三方函数库可供用户使用，它们不在 ANSI C 标准的范围内，是由其他厂商自行开发的 C 语言函数库，能扩充 C 语言在图形、数据库等方面的功能，用于完成 ANSI C 未提供的功能。

2. 自定义函数

如果库函数不能满足程序设计者的编程需要，那么程序设计者就需要自行编写函数来完成自己所需的功能，这类函数称为"自定义函数"。开发团队内部可采取"拿来拿去主义"，既可以使用别人编写的函数，也可以把自己编写的函数拿给别人使用。

8.2.2 函数的定义

和使用变量一样，函数在使用之前也必须先定义。函数定义的基本格式如图 8-3 所示。

函数定义有 4 个要素：形式参数、返回类型、函数名和函数体。形式参数和返回类型对应着输入和输出；函数名用于和程序中其他程序实体进行区分；而函数体是一段可执行的代码块，用于实现特定的算法或功能。

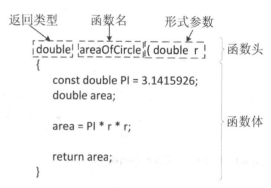

图 8-3 函数定义的基本格式

1. 输入：形式参数

形式参数可以有多个，基本形式如下。

```
类型 变量名 1, 类型 变量名 2, 类型 变量名 3, ...
```

每个参数都要指明变量名和类型，类型可以是前面介绍过的整型、字符型、浮点型，甚至是 void 等。有些情况下不需要向函数传递参数，此时，参数列表为空，但圆括号不能省略。

示例如下。

```
void print()//形式参数为空，返回值为void，即无返回值
{
    printf("Hello\n");//要使用库函数printf()，必须包含头文件stdio.h
}
```

如果参数列表为空，可以在括号内注明 void，明确告诉编译器无任何参数，这是推荐的用法。即上述 print()函数可以写成如下所示的形式。

```
void print(void)//形式参数为空，返回值为void，即无返回值
{
    printf("Hello\n");
}
```

2. 输出：返回类型

返回类型用于指明函数输出值的类型。如果没有输出值，则返回类型为 void。如果在函数定义时没有注明返回类型，则默认为 int 类型。

3. 函数名

函数名用于标识该函数，以和其他函数区分开来。因此，和变量名一样，函数名必须是遵守编译器命名规则的标识符。

 形式参数、返回类型和函数名总称为函数头，与之对应的是函数体。

4. 函数体

函数体是一段用于实现特定功能的代码块，如局部变量声明和相关执行语句等。

 在函数体内声明的变量不能和参数列表中的变量同名。

例：请定义一个计算圆形面积的 areaOfCircle()函数，该函数包含一个 double 型参数 r，r 表示半径，将计算结果返回。

```
/*源文件：demo8_3.c*/
#include <stdio.h>
#include <stdlib.h>
double area_of_areaOfCircle(double  r)
{
    const double PI = 3.1415926;//常量pi
    double area;

    area = PI * r * r;

    return area;
}
int main(void)
{
    double a = 1.2, area;
    area = areaOfCircle(a);

    printf("%f\n", area);
    return 0;
}
```

定义函数是为了调用该函数，实现特定的功能。上述代码中，在 main()函数中调用了"areaOfCircle()"函数。可能有的读者会问："为什么要写成'area = areaOfCircle(a);'的形式？"下面的内容将重点讨论函数调用与返回值相关的内容。

8.3　形式参数和实际参数分配内存的区别

上一节我们介绍了函数如何定义，在函数头中提到了形式参数，本节我们除了介绍形式参数的概念之外，还会介绍在使用函数的时候涉及的实际参数的概念。

形式参数和实际参数分配内存的区别

定义函数 areaOfCircle(double r)时，函数名后面括号中的变量名称为"形式参数"，如"double r"就是形式参数。实际参数就是在主调函数中调用一个函数时，函数名后面括号中的参数，如"area = areaOfCircle(a);"中的 a 就是实际参数。

例：请分析下面程序的执行过程，体会实际参数与形式参数的作用。

```
/*源文件: demo8_4.c*/
#include <stdio.h>
#include <stdlib.h>
//定义 add 函数
double add(double  x, double y)
{
    return x + y;//在函数体内使用形式参数
}
//定义主函数
int main(void)
{
    double a = 1.2;
    double b = 3.4;
    //调用 add 函数，实际参数为 a,b
    double sum = add(a, b);
    //输出
    printf("%f + %f = %f\n", a, b, sum);
    return 0;
}
```

上述程序的运行结果如下。

```
1.200000 + 3.400000 = 4.600000
Press any key to continue
```

程序的执行从 main()函数开始，对 main()函数体内语句的执行情况逐行进行分析，如表 8-1 所示。

表 8-1　　　　　　　　　　　　　　函数执行情况分析

语句	执行情况分析
double a = 2;	为 a 分配内存，存 2
double b = 4;	为 b 分配内存，存 4

续表

语句	执行情况分析
double sum = add(a, b);	为 sum 分配内存 　　为 x 分配内存，存 a 的值 　　为 y 分配内存，存 b 的值 　　执行 add 的函数体，返回值为 6 　　x、y 占用的内存被释放 　　函数 add 的返回值 6 赋给 sum
printf("%f + %f = %f\n", a, b, sum);	在屏幕上输出 sum
return 0;	0 为 main()函数的返回值
	释放 a、b 和 sum 占用的内存

　　形参变量只有在被调用时才为其分配内存单元，在调用结束时，会释放所分配的内存单元。因此，形参只在函数内部有效，函数调用结束返回主调函数后则不能再使用该形参变量。

　　例：请分析下面程序的执行过程，体会实际参数与形式参数的类型的使用情况。

```
/*源文件: demo8_5.c*/
#include <stdio.h>
#include <stdlib.h>

//定义 add 函数
int mul(int  x, int y)
{
    return x * y;//在函数体内使用形式参数
}
//定义 main 主函数
int main(void)
{
    double a, b, c;
    printf("please input a and b:\n");
    scanf("%lf,%lf",&a,&b);
    //调用 add 函数，实际参数为 a,b
    c = mul(a, b);
    //输出
    printf("the product is:%f\n", c);
    return 0;
}
```

当从键盘输入 2.5、3.8 时，程序的运行结果如下所示。

```
please input a and b:
2.5,3.8
the product is:6.000000
Press any key to continue
```

结果显示，2.5 和 3.8 的积是 6，显然，这个结果不正确。因为形参的数据类型是整型，而实参的数据类型是双精度型，两者的数据类型不同，所以最终结果产生了误差。

8.4 函数的返回值

通常，我们希望通过函数调用使主调函数能得到一个确定的值，这就是函数值（函数的返回值）。

函数的返回值

```
/*源文件: demo8_6.c*/
#include <stdio.h>

//定义 max 函数,有两个参数
int max(int  x, int y)
{
    int z;//定义临时变量 z
    z = x > y ? x : y;//把 x 和 y 中的较大者赋值给 z
    return (z);//把 z 作为 max 函数的值带回 main 函数
}
//定义 main 主函数
int main(void)
{
   int a, b, c;
   printf("please input a and b:\n");
   scanf("%d,%d",&a,&b);
   //调用 max 函数,实际参数为 a,b
   c = max(a, b);
   //输出
   printf("the max is:%d\n", c);
   return 0;
}
```

从 max 函数的定义中可以知道，函数调用 max(2,3) 的值是 3，max(5,3) 的值是 5。3 和 5 就是函数的返回值，赋值语句把这两个函数返回值赋给变量 c。

下面对函数返回值做一些说明。

（1）函数的返回值通过函数中的 return 语句获得。return 语句将被调用函数中的一个确定值带回到主调函数中去，如图 8-4 所示。

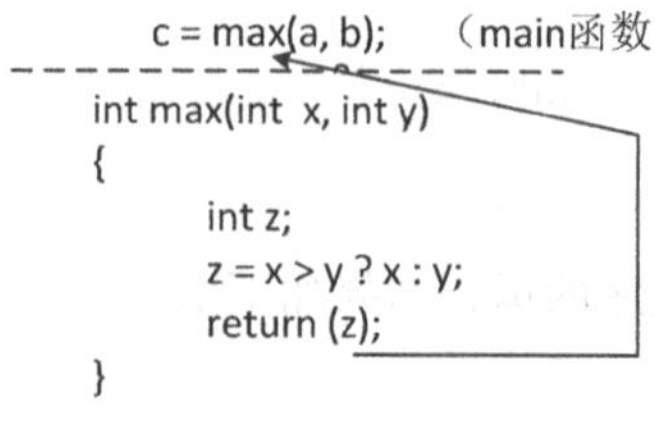

```
                    c = max(a, b);    （main函数）
        - - - - - - - - - - - - - -
        int max(int  x, int y)
        {
            int z;
            z = x > y ? x : y;
            return (z);
        }
```

图 8-4 函数返回值

return 语句后面的括号可以不要，如 "return z;" 与 "return (z);" 等价。return 语句后面的值可以是一个表达式，例如，max 函数可以改写成如下所示的形式。

```
int max(int  x, int y)
{
    return x > y ? x : y;
}
```

这样的函数体更为简短，只用一个 return 语句就把求值和返回都解决了。

（2）函数值的类型。既然函数有返回值，这个值当然应属于某一个确定的类型，应当在定义函数时指定函数值的类型。例如，下面是 3 个函数的首行代码。

```
int max(float x, float y)
char letter(char c1, char c2)
double min(int x, int y)
```

　　　　　　　在定义函数时要指定函数的类型。

（3）在定义函数时指定的函数类型应该和 return 语句中的表达式类型一致。例如，上例中的 max 函数值为整型，而变量 z 也被指定为整型，通过 return 语句把 z 的值作为 max 的函数返回值，由 max 带回到主调函数。z 的类型与 max 函数的类型是一致的，所以是正确的。

如果函数值的类型和 return 语句中表达式的类型不一致，则以函数类型为准，可以自动进行类型转换，即函数类型决定返回值的类型。

将在 max 函数中定义的变量 z 改为 float 型。函数返回值的类型与指定的函数类型不同，分析其处理方法。

```
/*源文件: demo8_7.c*/
#include <stdio.h>

//定义 max 函数,有两个参数
int max(float  x, float y)
{
    float z;//定义临时变量 z
    z = x > y ? x : y;//把 x 和 y 中的较大者赋值给 z
    return (z);//把 z 作为 max 函数的值带回 main 函数
}
//定义 main 主函数
int main(void)
{
    float a, b;
    int c;
    printf("please input a and b:\n");
    scanf("%f,%f",&a,&b);
    //调用 max 函数, 实际参数为 a,b
    c = max(a, b);
    //输出
    printf("the max is:%d\n", c);
    return 0;
}
```

运行结果如下。

```
please input a and b:
```

```
1.5,2.6
the max is:2
```

  max 函数的形参是 float 型，实参也是 float 型，在 main 函数中输入 a 和 b 的值是 1.5 和 2.6。在调用 max(a,b)时，把 a 和 b 的值 1.5 和 2.6 传递给形参 x 和 y。执行函数 max 中的条件表达式"z = x > y ? x : y;"，使得变量 z 得到的值为 2.6。现在出现了矛盾：函数定义为 int 型，而 return 语句中的 z 为 float 型，要把 z 的值作为函数的返回值，二者不一致。怎样处理呢？按赋值规则处理，先将 z 转换为 int 型，得到 2，它就是函数得到的返回值。最后 max(x,y)带回一个整型值 2，返回主调函数 main。

  如果将 main 函数中的 c 改为 float 型，用%f 格式符输出，则输出 2.000000。因为调用 max 函数得到的是 int 型，函数值为整数 2。

  请大家注意，这种写法会使程序不清晰、可读性降低、容易弄错，而且并不是所有的类型都能互相转换，因此应使函数类型与 return 返回值的类型一致。

  （4）对于不带返回值的函数，应当定义函数为"void 类型"（或称空类型）。这样，系统就保证不让函数带回任何值。此时在函数体中如果出现 return 语句，则是一种清晰的风格，当然不写也没有关系，程序执行完也会自动退出。

8.5　函数调用

  C 语言中，除了主函数（main）之外，其他函数都必须通过函数的调用来执行。

函数调用

8.5.1　函数调用的一般形式

调用函数的形式如下。

函数名(实参表);

其中实参是指确定的变量或表达式，各个实参用逗号分开。实参的个数应与形参的个数一致，与形参是一一对应的关系。若无参数，括号也不能省去。

函数调用方式有以下 4 种。

1. 函数语句

这种方式是指把调用函数作为一个独立的语句放在主函数 main()中，其中函数没有返回值。其示例如下。

```
//显示欢迎信息
void welcome()
{
    printf("+--------------------------+\n");
    printf("|                          |\n");
    printf("|   欢迎使用储蓄综合业务平台  |\n");
    printf("|                          |\n");
    printf("+--------------------------+\n");
```

```
}
main()
{
    ...
    welcome();
    ...
}
```

上述程序在主函数 main()中调用 welcome()函数，将其作为一条独立的语句。其中 welcome()
函数为 void 类型，没有返回值，只是完成输出欢迎信息的功能。

2. 函数表达式

这种方式是将函数用于表达式的计算，其中函数都有一个确定的返回值，用来参与表达式
的计算。示例如下所示。

```
/*源文件: demo8_8.c*/
#include <stdio.h>

//定义 max 函数,有两个参数
int max(int  x, int y)
{
    int z;//定义临时变量 z
    z = x > y ? x : y;//把 x 和 y 中的较大者赋值给 z
    return (z);//把 z 作为 max 函数的值带回 main 函数
}
//定义 main 主函数
int main(void)
{
    int a, b;
    int c;
    printf("please input a and b:\n");
    scanf("%d,%d",&a,&b);
    //调用 max 函数, 实际参数为 a,b
    c = 10 * max(a, b);
    //输出
    printf("the max is:%d\n", c);
    return 0;
}
```

上述程序将 max()函数应用于表达式 "10 * max(a, b)" 中，其中 max()函数返回 a 和 b 中的
较大者，再乘以 10 计算出结果。

3. 函数实参

这种方式是将函数作为另一个函数的参数，其中函数必须有一个返回值，用来作为函数的
参数，其示例如下。

```
/*源文件: demo8_9.c*/
#include <stdio.h>

//定义 f()函数,有阶乘
int f(int n)
{
```

```
    int y = 1;
    while( n > 1 )
    {
        y = y * n;
        n--;
    }
    return y;
}
//定义 main 主函数
void main(void)
{
    int x;
    scanf("%d" , &x);
    printf("%d != %d\n", x, f(x));
}
```

上述程序将 f()函数作为 printf()函数中的参数，用于计算 x 的阶乘并输出。

4. 库函数调用方式

这种方式是直接调用 C 语言中的库函数，但在调用库函数之前，应包含相应的头文件，示例如下所示。

```
/*源文件：demo8_10.c*/
#include <stdio.h>
#include <math.h>

//定义 main 主函数
void main(void)
{
    int x, y;
     //输入一个整数
    scanf("%d" , &x);
     //获得输入整数的绝对值
    y = abs(x);
     //输出绝对值
    printf("输入数据的绝对值是: %d\n", y);
}
```

上述程序调用了数学库中的函数 abs()，其功能为返回一个数的绝对值，在引用该函数之前必须先包含 math.h 头文件。

8.5.2 函数调用的执行过程

使用 demo8_8.c 文件中的源代码详细说明一下调用函数时的执行过程，代码如下。

```
/*源文件：demo8_8.c*/
#include <stdio.h>

//定义 max 函数,有两个参数
int max(int  x, int y)
{
    int z;//定义临时变量 z
    z = x > y ? x : y;//把 x 和 y 中的较大者赋值给 z
```

```
    return (z);//把 z 作为 max 函数的值带回 main 函数
}
//定义 main 主函数
int main(void)
{
    int a, b;
    int c;
    printf("please input a and b:\n");
    scanf("%d,%d",&a,&b);
    //调用 max 函数, 实际参数为 a,b
    c = 10 * max(a, b);
    //输出
    printf("the max is:%d\n", c);
    return 0;
}
```

该程序由两个函数组成：main 函数和 max 函数，执行过程如图 8-5 所示。

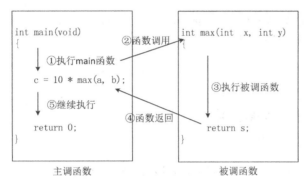

图 8-5　函数调用的执行过程

① 先执行 main 函数，用户从键盘上输入两个实数，并将其赋值给变量 a、b。

② main 函数以 a、b 为实参，并调用函数 max。

③ 程序转去执行 max 函数时，实参 a、b 的值传递给形参 x、y，从而使得形参 x、y 获得初始值并参与函数体的运算，判断出两数的最大值，直到执行到语句 "return s;"。

④ 执行 return 语句后将计算结果返回到 main 函数。

⑤ 转回 main 函数接着执行赋值操作，将 max 函数返回的计算结果赋值给 c 变量，最后输出计算结果。

每个 C 语言程序都是从 main 函数开始执行的，由 main 函数调用其他函数，以分层细化地解决问题。函数调用层次的划分体现了模块化程序设计的理念，大大降低了问题的复杂性，有利于写出简洁高效的代码。

8.6　函数的声明

在主调函数中，调用某函数之前应对该被调函数进行声明，这与使用变量之前要先进行变量声明是一样的。在主调函数中对被调函数进行声明的目的是让编译系统知道被调函数的返回值类型、形参的个数及类型，这样编译系统就能检查出形参和实参的类型是否相同、个数是否相等，并由此决定是否需要进行类型转换，从而保证函数调用成功。

函数的声明

函数声明的一般形式如下。

类型标识符 函数名(形参类型1 形参名1，形参类型2 形参名2...);
类型标识符 函数名(形参类型1 ，形参类型2...);

注意

由于编译器并不检查具体的参数名，所以进行函数声明时，把参数声明成"a,b"或者"x,y"都是一样的，因此参数名是什么都无所谓。

例：编写一个程序，计算 x 的 n 次方。

```c
/*源文件: demo8_11.c*/
#include <stdio.h>
//被调函数power声明，也可写成int power(int, int);
long power(int x, int n);
//定义main主函数
void main(void)
{
    int a, b;
    //计算a的b次方，请输入a和b。
    scanf("%d,%d" , &a, &b);
    //输出
    printf("%d power %d is %ld\n",a, b, power(a,b));
}

//定义被调函数
long power(int x, int n)
{
    long y = 1;
    while(n>0)
    {
        y *= x;
        n--;
    }
    return y;
}
```

对于上述代码，有如下几点需要说明。

（1）函数声明是语句，所以最后的结束符";"不可缺少。

（2）从形式上看，函数声明和函数定义在形式上比较类似，函数声明就是在函数定义的格式基础上去掉了函数体，但是两者有本质区别。

① 函数的定义是编写一段程序，除有 long power(int x, int n)外，还应有函数体来实现其特定的操作；而函数声明仅是对要调用的函数的一个说明，不含具体的执行动作。

② 在程序中，函数的定义只能有一次；而函数的声明可以有多次，调用几次该函数，就在各个主调函数中各自声明。

（3）函数声明的位置可以在程序的开头或第一个函数定义之前；也可在主调函数体的声明语句部分。

（4）C 语言规定，下列 3 种情况下，可以省去函数声明。

① 如果主调函数和被调函数在同一文件中定义，当被调函数定义的位置在主调函数之前时，则在主调函数中可以不对被调函数再做声明而直接调用。示例代码如下所示，函数 func 的定义放在 main 函数之前，因此可在函数中省去对 func 函数的声明。

```
/*源文件: demo8_12.c*/
#include <stdio.h>

func()
{
    printf("************\n");
    printf("HOW ARE YOU!\n");
    printf("************\n");
}
//定义 main 主函数
int main(void)
{
    func();/*main 函数调用 func 函数*/
    return 0;
}
```

② 如果已经在所有函数定义之前，或在文件开头预先对被调函数进行了声明，则在以后的各主调函数中，可不再对被调函数做声明。

③ 对库函数的调用不需要再做声明，但必须把包含该库函数的头文件用#include 命令包含在源文件头部。如 "#include <stdio.h>"，其中 stdio.h 就是一个头文件，该文件中存放了输入或输出库函数所用到的一些宏定义信息，如果不执行该命令，就无法使用这些输入或输出库函数。同样，如果使用数学库中的函数，则应该用 "#include <math.h>"。

8.7　函数的嵌套调用

C 语言的函数定义是互相平行、独立的。也就是说，在定义函数时，一个函数内不能再定义另一个函数，即不能嵌套定义。但可以嵌套调用函数，即在调用一个函数的过程中，可以再调用另一个函数，如图 8-6 所示。

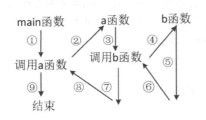

函数的嵌套调用

图 8-6　函数嵌套调用的执行过程

图 8-6 所示的是两层嵌套（加上 main 函数共 3 层函数），其执行过程如下：

① 执行 main 函数的开头部分；

② 遇函数调用语句，调用函数 a，流程转去 a 函数；

③ 执行 a 函数的开头部分；

④ 遇函数调用语句，调用函数 b，流程转去 b 函数；

⑤ 执行 b 函数，如果再无其他嵌套的函数，则完成 b 函数的全部操作；

⑥ 返回到 a 函数中调用 b 函数的位置；

⑦ 继续执行 a 函数中尚未执行的部分，直到 a 函数结束；

⑧ 返回 main 函数中调用 a 函数的位置；

⑨ 继续执行 main 函数的剩余部分，直到结束。

例：输入 4 个整数，找出其中最大的数。用函数的嵌套调用来处理。

解题思路　这个问题并不复杂，只用一个主函数就可以得到结果。现在根据题目的要求，用函数的嵌套调用来处理。在 main 函数中调用 max4 函数，max4 函数的作用是找出 4 个数中的最大者。在 max4 函数中再调用另一个函数 max2。max2 函数用来找出两个数中的较大者。在 max4 中通过多次调用 max2 函数，可以找出 4 个数中的最大者，然后把它作为函数值返回 main 函数，在 main 函数中输出结果。以此例来说明函数的嵌套调用方法。

```c
/*源文件: demo8_13.c*/
#include <stdio.h>
int main()
{
    int max4(int a,int b,int c,int d);//对 max4 的函数声明
    int a,b,c,d,max;
    printf("Please enter 4 integer numbers:\n");//提示输入 4 个数
    scanf("%d %d %d %d",&a,&b,&c,&d);//输入 4 个数
    max=max4(a,b,c,d);//调用 max4 函数，得到 4 个数中的最大者
    printf("max=%d\n",max);//输出 4 个数中的最大者
    return 0;
}

int max4(int a,int b,int c,int d)//定义 max4 函数
{
    int max2(int a,int b);//对 max2 的函数声明
    int m;
    m = max2(a,b);//调用 max2 函数，得到 a 和 b 两个数中的最大者，放在 m 中
    m = max2(m,c);//调用 max2 函数，得到 a, b, c, 3 个数中的最大者，放在 m 中
    m = max2(m,d);//调用 max2 函数，得到 a, b, c, d, 4 个数中的最大者，放在 m 中
    return(m);//把 m 作为函数值带回 main 函数
}

int max2(int a,int b)//定义 max2 函数
{
    if(a>=b)
        return a;//若 a>=b，将 a 作为函数返回值
```

```
    else
        return b;//若 a<b，将 b 作为函数返回值
}
```

运行结果如下。

```
Please enter 4 integer numbers:
10 23 -3 45
max=45
```

程序分析　可以清楚地看到，在主函数中要调用 max4 函数，因此在主函数的开头要对 max4 函数做声明。在 max4 函数中 3 次调用 max2 函数，因此在 max4 函数的开头要对 max2 函数做声明。由于在主函数中没有直接调用 max2 函数，因此在主函数中不必对 max2 函数做声明，只需在 max4 函数中做声明即可。

max4 函数的执行过程是这样的：第 1 次调用 max2 函数得到的函数值是 a 和 b 中的较大者，把它赋给变量 m；第 2 次调用 max2 函数得到 m 和 c 中的较大者，也就是 a、b、c 中的最大者，再把它赋给变量 m；第 3 次调用 max2 函数得到 m 和 d 中的大者，也就是 a、b、c、d 中的最大者，再把它赋给变量 m。这是一种递推方法，先求出 2 个数中的较大者；再以此为基础求出 3 个数中的最大者；最后以此为基础求出 4 个数中的最大者。m 的值一次一次地变化，直到满足最终的要求。

程序改进如下。

在 max4 函数中，3 条调用 max2 函数的语句（如 m=max2(a,b);）可以用以下语句代替。

```
m=max2(max2(max2(a,b),c),d);        //把函数调用作为函数参数
```

甚至可以取消变量 m，max4 函数可写成如下形式。

```
int max4(int a,int b,int c,int d)
{
    int max2(int a,int b);          //对 max2 的函数声明
    return max2(max2(max2(a,b),c),d);
}
```

先调用“max2(a,b)”，得到 a 和 b 中的较大者；再调用“max2(max2(a,b),c)”（其中 max2(a,b) 为已知），得到 a、b、c 三者中的最大者；最后由“max2(max2(max2(a,b),c),d)”求得 a、b、c、d 四者中的最大者。

请读者上机编写完整的程序，并运行它。我们通过此例可以知道，不仅要编写出正确的程序，还要学习怎样使程序更加精练、专业和易读。

8.8　函数的递归调用

在调用一个函数的过程中又出现直接或间接地调用该函数本身的情况，称为函数的递归调用，C 语言的特点之一就在于允许函数的递归调用，如下所示。

```
int f(int x)
{
    int y,z;
```

函数的递归调用

```
        z=f(y);
        return (2*z);
}
```

在调用函数 f 的过程中，又要调用 f 函数，这是直接调用本函数，如图 8-7 所示。

如果在调用 f1 函数的过程中要调用 f2 函数，而在调用 f2 函数的过程中又要调用 f1 函数，则是间接调用本函数，如图 8-8 所示。

图 8-7　直接调用本函数　　　　　图 8-8　间接调用本函数

可以看到，图 8-7 和图 8-8 这两种递归调用都是无终止的自身调用。显然，程序中不应出现这种无终止的递归调用，而只应出现有限次数的、有终止的递归调用，这可以用 if 语句来控制，只有在某一条件成立时才继续执行递归调用；否则就不再继续。

关于递归的概念，有些初学者感到不好理解，下面用一个通俗的例子来说明。

例：有 5 个学生坐在一起，问第 5 个学生多少岁，他说比第 4 个学生大 2 岁；问第 4 个学生岁数，他说比第 3 个学生大 2 岁；问第 3 个学生，他说比第 2 个学生大 2 岁；问第 2 个学生，他说比第 1 个学生大 2 岁；最后问第 1 个学生，他说是 10 岁；请问第 5 个学生多大。

解题思路　要求第 5 个学生的年龄，就必须先知道第 4 个学生的年龄，而第 4 个学生的年龄取决于第 3 个学生的年龄，而第 3 个学生的年龄又取决于第 2 个学生的年龄，第 2 个学生的年龄取决于第 1 个学生的年龄。而且每一个学生的年龄都比其前 1 个学生的年龄大 2。

```
age(5) = age(4)+2
age(4) = age(3)+2
age(3) = age(2)+2
age(2) = age(1)+2
age(1) = 10
```

可以用数学公式表述如下。

```
age(n)=10           (n=1)
age(n)=age(n-1)+2 (n>1)
```

可以看到，当 $n>1$ 时，求每位学生的年龄的公式是相同的。因此可以用一个函数表示上述关系。图 8-9 所示为求第 5 个学生年龄的过程。

显然，这是一个递归问题，从图 8-9 可以看出，求解可分成两个阶段。第 1 阶段是"回溯"，即将第 5 个学生的年龄表示为第 4 个学生年龄的函数，表示为 age(5)=age(4)+2。而第 4 个学生的年龄仍然不知道，还要"回溯"到第 3 个学生的年龄，表示为 age(4)=age(3)+2……直到第 1 个学生的年龄。此时 age(1)已知等于 10 岁，不必再向前推了。然后开始第 2 阶段，采用递推方法，从第 1 个学生的已知年龄推算出第 2 个学生的年龄（12 岁），从第 2 个学生的年龄推算出第 3 个学生的年龄（14 岁）……直到推算出第 5 个学生的年龄（18 岁）为止。也就是说，一个递归的问题可以分为"回溯"和"递推"两个阶段。要经历若干步才能求出最后的值。显而易见，如果要求递归过程不是无限制进行下去的，必须具有一个结束递归过程的条件。例如，age(1)= 10 就是使递归结束的条件。

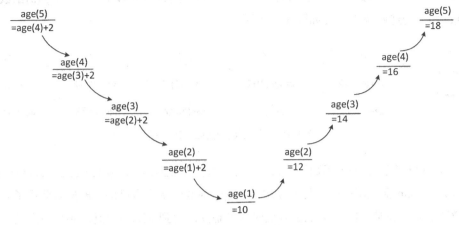

图 8-9　求第 5 个学生年龄的过程

可以用一个函数来描述上述递归过程。

```
int age(int n)//求年龄的递归函数
{
    int c;//c 用作存放函数的返回值的变量*/
    if(n==1)
        c=10;
    else
        c=age(n-1)+2;
    return(c);
}
```

用一个主函数调用 age 函数，求得第 5 个学生的年龄。整个程序如下。

```
/*源文件: demo8_14.c*/
#include<stdio.h>
int main()
{
    int age(int n);//对 age 函数的声明
    printf("NO.5,age:%d\n",age(5));  //输出第 5 个学生的年龄
    return 0;
}

int age(int n)//定义递归函数
{
    int c;
    if(n==1)//如果 n 等于 1
        c=10;//年龄为 10
    else//如果 n 不等于 1
        c=age(n-1)+2;//年龄是前一个学生的年龄加 2（如第 4 个学生的年龄是第 3 个学生的年龄加 2）
    return(c);   //返回年龄
}
```

运行结果如下。

```
NO.5,age:18
```

程序分析　main 函数中实际上只有一条语句。整个问题的求解全靠一个 age(5)函数调用来解决。age 函数的递归调用过程如图 8-10 所示。

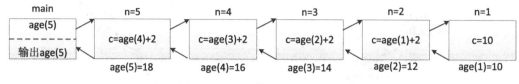

图 8-10　age 函数的递归调用过程

从图 8-10 可以看到：age 函数一共被调用了 5 次，即 age(5)、age(4)、age(3)、age(2)、age(1)。其中 age(5)是 main 函数调用的，其余 4 次是在 age 函数中调用自己的，即递归调用了 4 次。应当强调说明的是，在某一次调用 age 函数时并不是立即得到 age(n)的值，而是一次又一次地进行递归调用，到 age(1)时才有确定的值，然后再递推出 age(2)、age(3)、age(4)、age(5)。请读者将程序与图 8-9 和图 8-10 结合起来认真分析。

注意分析递归的终止条件。当 n 等于 2 时，应执行"c=age(n-1)+2;"，由于 n=2，它相当于"c=age(1)+2"。注意 age(1)的值是什么？此时 n=1，应执行"c=10"，即不再递归调用 age 函数了，递归调用结束。将 10 作为 age(1)的值返回 age 函数中的"c=age(n-1)+2;"处（此时 n=2），得到 c=10+2，即 12。再把 12 作为 age(2)的值返回 age 函数中的"c=age(n-1)+2;"处（此时 n=3），得到 c=12+2，即 14。依次类推，可以得到 age(5)的值为 18。

例： 用递归方法求 n!。

解题思路　求 n! 可以用递推方法。即从 1 开始，乘 2，再乘 3……一直乘到 n。这种方法容易理解，也容易实现。递推法的特点是从一个已知的事实（如 1! =1）出发，按一定规律推出下一个事实（如 2! =1! ×2）；再从这个新的已知的事实出发，向下推出一个新的事实（3! =3×2! ）。最终推出 $n!=n×(n-1)!$。

求 n!也可以用递归方法，即 5! 等于 4! ×5，而 4! =3! ×4，……，1! =1。可用下面的递归公式表示：

$$n! = \begin{cases} n!=1 & (n=0,1) \\ n×(n-1)! & (n>1) \end{cases}$$

可以很容易地编写出本题的程序，如下所示。

```c
/*源文件: demo8_15.c*/
#include <stdio.h>
int main()
{
    int fac(int n);//fac 函数声明
    int n;
    int y;
    printf("input an integer number:" );
    scanf("%d",&n);//输入要求的阶乘的数
    y= fac(n);
```

```
    printf("%d!=%d\n",n,y);
    return 0;
}
int fac(int n)//定义 fac 函数
{
    int f;
    if(n<0){//n 不能小于 0
        printf("n<0,data error!");
    }
    else if(n==0||n==1){//n=0,1 时 n!=1
        f=1;
    }
    else{
        f=fac(n-1) * n;//n>1 时, n!=n*(n-1)
    }
    return(f);
}
```

每次调用 fac 函数后，其返回值 f 应返回到调用 fac 函数处。例如，当 n=2 时，从函数体中可以看到 "f=fac(1)* 2"，再调用 fac(1)，返回值为 1。这个 1 就取代了 "f= fac(1) * 2" 中的 fac(1)，从而 f=1 * 2=2。其余类似。递归终止条件为 n=0 或 n=1。

8.9　数组作为函数参数——值传递与地址传递

调用有参函数时，需要提供实参，如 sin(x)、sqrt(2,0)、max(a,b) 等。实参可以是常量、变量或表达式。数组元素的作用与变量相当，一般来说，凡是变量可以出现的地方，都可以用数组元素代替。因此，数组元素也可以用作函数实参，其用法与变量相同，向形参传递数组元素的值。此外，数组名也可以作为实参和形参，传递的是数组第一个元素的地址。

8.9.1　数组元素作为函数实参——值传递

数组元素可以用作函数实参，但是不能用作形参。因为形参是在函数被调用时临时分配存储单元的，不可能为一个数组元素单独分配存储单元（数组是一个整体，在内存中占用连续的一段存储单元）。在用数组元素作为函数实参时，把实参的值传给形参，是"值传递"方式。数据传递的方向是从实参传到形参，单向传递。

例：输入 10 个数，要求输出其中值最大的元素和该数是第几个数。

解题思路　可以定义一个数组 a，长度为 10，用来存放 10 个数。设计一个函数 max，用来求两个数中的较大者。在主函数中定义一个变量 m，m 的初值为 a[0]，每次调用 max 函数后的返回值存放在 m 中。用"打擂台"算法，依次将数组元素 a[1]～a[9] 与 m 进行比较，最后得到的 m 值就是这 10 个数中的最大者。

```
/*源文件: demo8_16.c*/
#include <stdio.h>
int main()
```

```
{
    int max(int x, int y);//函数声明
    int a[10],m,n,i;
    printf("enter 10 integer numbers:");
    for(i=0;i<10;i++)
        scanf("%d", &a[i]);//输入 10 个数给 a[0]~a[9]
    printf("\n");
    for(i=1,m=a[0],n=0;i<10;i++){
    if (max(m,a[i]) > m){//若 max 函数返回的值大于 m
        m = max(m,a[i]);//max 函数返回的值取代 m 原值
        n=i;//把此数组元素的序号记下来，放在 n 中
    }
    printf(" The largest number is %d\nit is the %dth number. \n" ,m,n+1);

    return 0;
}
int max(int x, int y){//定义 max 函数
    return (x>y?x:y);
}
```

运行结果如下。

```
enter 10 integer numbers:4 7 0 -3 4 34 67 -42 31 -76

 The largest number is 67
it is the 7th number.
```

程序分析 从键盘输入 10 个数给 a[0]~a[9]。变量 m 用来存放当前已比较过的各数中的最大者。开始时设 m 的值为 a[0]，然后将 m 与 a[1]进行比较，如果 a[1]大于 m，就以 a[1]的值（此时也就是 max(m,a[1])的值）取代 m 的原值。下一次以 m 的新值与 a[2]比较，max(m,a[2])的值是 a[0]、a[1]、a[2]中的最大者，其余类推。经过 9 轮循环的比较，m 最后的值就是 10 个数中的最大数。

请注意分析怎样得到最大数是 10 个数中的第几个数。当每次出现以 max(m,a[i])的值取代 m的原值时，就把 i 的值保存在变量 n 中。n 最后的值就是最大数的序号（注意序号从 0 开始），如果要输出"最大数是 10 个数中的第几个数"，应为 n+1。例如，n=6 表示数组元素 a[6]是最大数，由于序号从 0 开始，因此它是 10 个数中的第 7 个数，故应输出的是 n+1。

当然，本题也可以不用 max 函数求两个数中的较大者，而在主函数中直接用 if(m>a[iD]来判断和处理。本题的目的是介绍如何用数组元素作为函数实参。

8.9.2 一维数组名作为函数参数——地址传递

除了可以用数组元素作为函数参数外，还可以用数组名作为函数实参（包括实参和形参）。

用数组元素作为实参时，向形参变量传递的是数组元素的值，而用数组名作为函数实参时，向形参变量传递的是数组首元素的地址。

例： 有两个班级，分别有 35 名和 30 名学生，调用一个 average 函数，分别求这两个班的学生的平均成绩。

解题思路　现在需要解决的是怎样用同一个函数求两个不同长度的数组的平均值问题。在定义 average 函数时不必指定数组的长度，在形参表中增加一个整型变量 i，从主函数把数组的实际长度分别从实参传递给形参 i。这个 i 用来在 average 函数中控制循环的次数。这就解决了用同一个函数求两个不同长度的数组的平均值问题。

为简化程序，设两个班的学生数分别为 5 和 10。编写程序如下。

```
/*源文件: demo8_17.c*/
#include <stdio.h>
int main(){
    float average(float array[ ],int n);
    float scorel[5] = {98.5, 97, 91.5, 60, 55};//定义长度为5的数组
    float score2[10]= {67.5, 89.5,99,69.5,77,89.5,76.5,54, 60,99.5};
    printf("The average of class A is %6.2f\n", average(scorel, 5));
    printf("The average of class B is %6.2f\n" ,average(score2,10));
    return 0;
}
float average(float array[],int n)//定义average函数,未指定形参数组长度
{
    int i;
    float aver,sum= array[0];
    for(i=1;i<n;i++)
        sum= sum+ array[i];//累加n个学生的成绩
    aver = sum/n;
    return(aver);
}
```

运行结果如下。

```
The average of class A is  80.40
The average of class B is  78.20
```

程序的作用是分别求出数组 scorel（有 5 个元素）和数组 score2（有 10 个元素）各元素的平均值。两次调用 average 函数时需要处理的数组元素个数是不同的，在第一次调用时将实参（值为 5）传递给形参 n，表示求 5 个学生的平均分；在第二次调用时，求 10 个学生的平均分。

用数组名作为函数实参时，不是把数组元素的值传递给形参，而是把实参数组的首元素的地址传递给形参数组，这样两个数组就共同占用同一段内存单元。如果实参数组为 a，形参数组为 b，如图 8-11 所示。若 a 数组的首元素的地址为 1000，则 b 数组的首元素的地址也是 1000，显然，a[0]与 b[0]同占一个单元……假如改变了 b[0]的值，也就意味着 a[0]的值也改变了。也就是说，形参数组中各元素的值如发生变化，会使实参数组元素的值同时发生变化，从图 8-11 看是很容易理解的。这一点与变量作为函数参数的情况是不同的，请务必注意。在程序中常有意识地利用这一特点改变实参数组元素的值（如排序）。

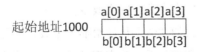

图 8-11　形参与实参数组共用同一内存空间

例：用选择法对数组中的 5 个整数按小到大的顺序进行排序。

所谓"选择法"就是先将 5 个数中最小的数与 a[0]对换；再将 a[1]～a[4]中最小的数与 a[1]对换……每比较一轮，找出未经排序的数中最小的一个数。共比较 4 轮。

下面以 5 个数为例说明选择法的步骤。

a[0]	a[1]	a[2]	a[3]	a[4]	
3	6	1	9	4	未排序时的情况
1	6	3	9	4	将 5 个数中最小的数 1 与 a[0]对换
1	3	6	9	4	将余下的 4 个数中最小的数 3 与 a[1]对换
1	3	4	9	6	将余下的 3 个数中最小的数 4 与 a[2]对换
1	3	4	6	9	将余下的 2 个数中最小的数 6 与 a[3]对换，至此排序完成

根据此思路编写程序如下。

```
/*源文件：demo8_18.c*/
#include<stdio.h>
int main( )
{
    void sort(int array[],int n);
    int a[5] = {3,6,1,9,4},i;
    sort(a, 5);
    printf("The sorted array:\n");
    for(i=0; i<5;i++)
        printf("%d ",a[i]);
    printf("\n");
    return 0;
}
void sort(int array[],int n)
{
    int i,j,k,t;
    for(i=0;i<n-1;i++){
        k = i;
        for(j=i+1;j<n;j++){
            if(array[j]<array[k])k = j;
        }
        t = array[k];
        array[k] = array[i];
        array[i] = t;
    }
}
```

运行结果如下。

```
The sorted array:
1 3 4 6 9
```

可以看到，在执行函数调用语句"sort(a,5);"之前和之后，a 数组中各元素的值是不同的。原来是无序的，执行"sort(a,5);"后，a 数组已经排好序了，这是由于形参数组 array 已用选择法进行了排序，形参数组改变使实参数组随之改变。

值传递是将实际参数中存放的"值"传递给形式参数，实际参数与形式参数完成"传递接力"后，两者再无干系。在函数内部无法改变实际参数中的值或通过实际参数的值改变函数中其他存储单元的值。

地址传递是将实际参数中存放的"地址"传递给形式参数，完成"传递接力"后，两者也再无干系。尽管在函数内部无法改变实际参数中的"地址"，但可以对该"地址"所代表的单元进行赋值或取值的操作。

8.10　变量的作用域

程序中被花括号括起来的区域叫作"语句块"。函数体是语句块，分支语句和循环体也是语句块。变量的作用域规则是：每个变量仅在定义它的语句块（包含下级语句块）内有效，并且拥有自己的存储空间。

变量的作用域

分析下面的变量作用范围。

```
float f1(int a)              //定义函数 f1
{
    int b,c;      ┐  a、b、c 有效    //在函数 f1 中定义 b,c
    ...           ┘
}

char f2(int x, int y)
{
    int i,j;      ┐  x、y、i、j 有效
    ...           ┘
}

int main()
{
    int m,n;      ┐  m、n 有效
    ...
    return 0;     ┘
}
```

说明以下 4 点。

（1）主函数中定义的变量（如 m、n）也只在主函数中有效，并不因为在主函数中定义而在整个文件或程序中有效。主函数也不能使用其他函数中定义的变量。

（2）不同函数中可以使用同名的变量，它们代表不同的对象，互不干扰。

（3）形式参数也是局部变量。

（4）在一个函数内部，可以在复合语句中定义变量，这些变量只在本复合语句中有效，如下所示。

```
int main()
{
    int a,b;
    ...
    {
        int c;        ┐  c 在此语句块中有效    ┐  a、b 在此范围内有效
        c=a+b;        ┘
        ...
    }
}
```

不在任何语句块内定义的变量，称为"全局变量"。全局变量的作用域为整个程序，即全局变量在程序的所有位置均有效。这是因为假如把整个程序看作一个大语句块，按照变量的作用域规则，在与main()平行的位置，即不在任何语句块内定义的变量，就应该在程序的所有位置均有效。相反，在除整个程序以外的其他语句块内定义的变量，称为"局部变量"。

全局变量可以为本文件中其他函数所共用，有效范围为从定义变量的位置开始，到本源文件结束。分析下面的程序段。

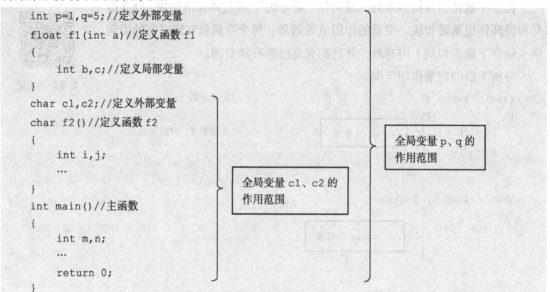

```
int p=1,q=5;//定义外部变量
float f1(int a)//定义函数f1
{
    int b,c;//定义局部变量
}
char c1,c2;//定义外部变量
char f2()//定义函数f2
{
    int i,j;
    ...
}
int main()//主函数
{
    int m,n;
    ...
    return 0;
}
```

全局变量c1、c2的作用范围

全局变量p、q的作用范围

p、q、c1、c2都是全局变量，但它们的作用范围不同，在main函数和f2函数中可以使用全局变量p、q、c1、c2；但在函数f1中只能使用全局变量p、q，而不能使用c1和c2。

如果在同一个源文件中，全局变量与局部变量同名，这时会出现什么情况呢？请考虑是按哪一种情况处理：（1）出错；（2）局部变量无效，全局变量有效；（3）在局部变量的作用范围内，局部变量有效，全局变量被"屏蔽"，即全局变量不起作用。

例：若全局变量与局部变量同名，分析结果。

```
01: /*源文件: demo8_19.c*/
02: #include<stdio.h>
03: int a=3,b=5;//a, b是全局变量
04: int main()
05: {
06:     int max(int a,int b);//函数声明, a, b是形参
07:     int a=8;//a是局部变量
08:     printf("max=%d\n",max(a,b));
09:     return 0;
10: }
11: int max(int a,int b)//a,b是函数形参
12: {
13:     int c;
14:     c=a>b?a:b;//把a和b中的较大者存放在c中
15:     return c;
16: }
```

运行结果如下。

```
max=8
```

程序分析 在此例中，故意重复使用 a 和 b 作为变量名，请读者区分不同的 a 和 b 的含义及作用范围。程序第 3 行定义了全局变量 a 和 b，并对其初始化。第 4 行是 main 函数，在 main 函数中（第 7 行）定义了一个局部变量 a，局部变量 a 的作用范围为第 7~9 行，在此范围内全局变量 a 被局部变量 a 屏蔽，相当于全局变量 a 在此范围内不存在（即它不起作用），而全局变量 b 在此范围内有效。因此第 8 行中 max(a,b)的实参 a 应是局部变量 a，所以 max(a,b)相当于 max(8,5)，它的值为 8。

第 11 行定义了 max 函数，形参 a 和 b 是局部变量。全局变量 a 和 b 在 max 函数的范围内不起作用，所以函数 max 中的 a 和 b 不是全局变量 a 和 b，它们的值是由实参传给形参的，即 8 和 5。从运行结果看，max(a,b)的返回值为 8，而不是 5。验证了以上的分析。

8.11　变量的存储类型

在 C 语言中，每一个变量和函数都有两个属性：数据类型和存储类型。数据类型大家都已经熟知，如整型、浮点型等。存储类型指的是数据在内存中存储的方式。根据存储类型，可以知道变量的作用域和生存期。因此对一个变量的定义不仅应说明其数据类型，还应说明其存储类型。变量定义的完整形式如下。

变量的存储类型

```
存储类型标识符 数据类型标识符 变量名;
```

存储类型包括自动（auto）、寄存器（register）、外部（extern）和静态（static）。下面分别做介绍。

8.11.1　auto 变量

由于自动变量极为常用，所以 C 语言把它设计成默认的存储类型，即 auto 可以省略不写。如果没有指定变量的存储类型，那么变量的存储类型就默认为 auto。

auto 变量的定义形式如下。

```
[auto] 类型标识符 变量名;
```

举例如下所示。

```
int i,j;等价于 auto int i,j;
```

自动变量的"自动"体现在进入语句块时自动申请内存，退出语句块时自动释放内存。因此，它仅能被语句块内的语句访问，在退出语句以后就不能再访问。

8.11.2　register 变量

一般情况下，变量的值是存放在内存中的，如果有一些变量频繁使用（例如，在一个函数中执行 10000 次循环，每次循环都要引用某局部变量），则为存取变量的值要花费不少时间。为提高执行效率，允许将局部变量的值放在 CPU 的寄存器中，需要用时直接从寄存器取出参加运算即可，不必再到内存中去存取。由于寄存器的存取速度远高于内存的存取速度，因此这样做可以提高执行效率。这种变量叫作"寄存器变量"，用关键字 register 做声明。

例：编写程序求 1+2+3+...+300 的和。

```
/*源文件: demo8_20.c*/
#include<stdio.h>
int main()
{
    //本程序循环 300 次，i 和 s 将频繁使用，因此可定义为寄存器变量
    register int i,s=0;
    for(i=1;i<=300;i++){
        s = s + i;
    }
    printf("s=%d\n",s);
    return 0;
}
```

register 只是"请求"编译器把数据存储到寄存器中，并不能保证这个数据一定在寄存器中，由于某些情况（例如，寄存器不够用或编译器认为没必要），数据可能不会被存储到寄存器中。另外，寄存器没有地址，所以对 register 变量取地址是不会编译通过的，即使编译器没有把它存到寄存器中。

由于现在的计算机的运行速度越来越快，性能越来越高，优化的编译系统能够识别使用频繁的变量，从而自动地将这些变量放在寄存器中，而不需要程序设计者指定。因此，现在实际上用 register 声明变量的必要性不大。在此不详细介绍它的使用方法和有关规定，读者只需要知道这种变量即可，以便遇到 register 时不会感到困惑。

8.11.3　extern 变量

extern 变量是在函数外定义的变量，又称"外部变量"或"全局变量"。

外部变量定义的形式如下。

[extern]类型说明符 变量名;

说明以下几点。

（1）若一个程序仅由一个源文件组成，将外部变量定义在源文件的开头、所有函数体之前，则该文件中的所有函数可以不加说明直接使用。

（2）若一个程序仅由一个源文件组成，将外部变量定义在源文件的中间，则在其定义之前的函数使用该变量时，需要使用 extern 说明，以扩展它的作用域。

```
int a,b;/*外部变量*/
void f1()
{
    extern float x,y; /*外部变量 x,y 声明*/
    ...
}
float x,y; /*外部变量*/
int f2()
{
```

```
        .../*函数体略*/
}
main()
{
        .../*函数体略*/
}
```

外部变量 a、b 是在函数 f1、f2 和 main 函数之前定义的，因此，这 3 个函数内可以不用 extern 声明而直接使用。而外部变量 x、y 是在 f1 函数之后、f2 和 main 函数之前定义的，所以 f2 和 main 函数内可以直接使用而省略变量声明，但 f1 函数内要想使用 x 和 y 就必须加以声明：extern float x,y;。

例：求长方体的体积（该程序仅由一个源文件构成）。

```
/*源文件：demo8_21.c*/
#include <stdio.h>
int vs(int a,int b)
{
        extern int h;        /*外部变量 h 的声明*/
        int v;
        v=a*b*h;
        return v;
}
int l=3,w=4,h=5;        /*外部变量 l,w,h 的定义，等价于 extern int l=3,w=4,h=5;*/
void main()
{
        int l=6;              /*局部变量 l 的定义*/
        printf("v=%d",vs(l,w));  /*vs 的实参为局部变量 l(值为 6)和外部变量 w(值为 4)*/
        return;
}
```

程序运行结果如下所示。

```
v=120
```

（3）若一个程序由多个源文件组成，则在一个源文件中定义的外部变量，要想在另一个源文件中使用，也需要使用 extern 说明，以扩展它的作用域。

例：请分析下列程序的运行结果（该程序由两个源文件组成）。

```
/*源文件：demo8_22.c*/
#include<stdio.h>
int x=10;/*定义外部变量 x*/
int y=10;/*定义外部变量 y*/
void add()
{
        y=10+x;
        x*=2;
}
void main()
{
        extern void sub();
        x+=5;
        add();
        sub();
```

```
        printf("x=%d;y=%d\n",x,y);
        return;
}
/*源文件: demo8_23.c*/
void sub()      /*定义函数 sub*/
{
        extern int x;    /*声明外部变量 x*/
        x-=5;
}
```

程序运行结果如下所示。

```
x=25; y=25
```

程序由两个源文件组成。demo8_22.c 中定义了两个外部变量 x 和 y，main 函数中调用了两个函数 add 和 sub。其中函数 sub 不在 demo8_22.c 中，所以 main 函数中要使用语句"extern void sub();"声明函数 sub 是外部函数；而函数 add 是在 demo8_22.c 中的 main 函数之前定义的，所以不必再进行声明。在 demo8_22.c 的函数 sub 中，要使用 demo8_22.c 中的外部变量 x，所以函数 sub 中要用语句"extern int x;"声明变量 x 是一个外部变量。

程序从 main 函数开始，执行语句"x+=5"，即 x=15；然后调用 add 函数执行语句"y=10+x"，即 y=25；接着执行语句"x*=2"，即 x=30；返回 main 函数后再调用 sub 函数执行语句"x-=5"，即 x=25。

从上例可看出，外部变量可以代替函数参数和函数返回值，在各函数之间传递数据，但是外部变量始终占据内存单元，也使程序的运行受到一定的影响。另外，外部变量使得各函数的独立性降低，当一个外部变量的值被误改的时候，会给后续模块带来意外的错误。从模板化程序设计的角度来看，这是不利的，因此尽量不要使用外部变量（全局变量）。

8.11.4   static 变量

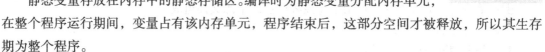

static 变量

静态变量定义的一般形式如下。

```
static 类型标识符 变量名;
```

静态变量存放在内存中的静态存储区。编译时为静态变量分配内存单元，在整个程序运行期间，变量占有该内存单元，程序结束后，这部分空间才被释放，所以其生存期为整个程序。

从静态变量的作用域来分，静态变量有两种：静态局部变量和静态全局变量。

1. 静态局部变量

当在函数体或复合语句内用 static 来声明一个变量时，该变量就被称为"静态局部变量"。

例：分析下面程序的运行结果。

```
/*源文件: demo8_24.c*/
#include<stdio.h>
void f1()
{
        int a=0;
        /*定义自动变量 a, 赋初值为 0, 该操作是在 f1 函数每次被调用执行时进行的。*/
        a+=10;
```

```
        printf("in f1 a=%d\n",a);
}
void f2()
{
    static int a=0;
    /*定义静态局部变量 a 并初始化为 0,
    *该操作是在程序执行前由编译程序进行的赋初值, 实际运行时
    *不再执行赋初值操作
    */
    a+=10;
    printf("in f2 a=%d\n",a);
}
main()
{
    f1();f1();f1();
    f2();f2();f2();
}
```

运行结果如下所示。

```
in f1  a=10
in f1  a=10
in f1  a=10
in f2  a=10
in f2  a=20
in f2  a=30
```

main 函数分别 3 次调用 f1 函数和 f2 函数。在 f1 函数中定义了自动变量 a, 连续 3 次调用 f1 函数时, 输出结果均为 "in f1 a=10"。在 f2 函数中定义了静态局部变量 a, 第一次调用 f2 函数, 执行语句 "a+=10" 后, 静态局部变量 a 的值为 10; 由于 a 为静态局部变量, 故第二次调用 f2 函数时, a 中仍保留第一次退出 f2 函数时的值 10 不变, 所以第二次执行语句 "a+=10" 后静态局部变量 a 的值为 20; 同理, 第三次调用 f2 函数, 执行语句 "a+=10" 后, 静态局部变量 a 的值为 30。

静态局部变量是在编译时赋初值的, 且只能赋初值一次, 在程序运行时它已有初值, 以后调用函数时不再重新赋值, 而是保留上次函数调用结束时的值。

如果在定义时对静态局部变量未赋初值, 则编译时系统自动赋初值 0 (对数值型变量) 或空字符 (对字符变量)。

根据静态局部变量的特点, 可以看出它是一种生存期为整个程序的变量。虽然离开定义它的函数后不能使用, 但如果再次调用定义它的函数时, 它又可继续使用, 而且保存了上次被调用后留下的值。因此, 当多次调用一个函数且要求在调用之间保留某些变量的值时, 可考虑采用静态局部变量。

2. 静态全局变量

静态全局变量 (又称 "静态外部变量") 是在函数之外定义的。如果在程序设计中希望某些变量只限于被本文件使用, 而不能被其他文件使用, 则可以在定义全局变量时加上 static, 从而构成静态全局变量。静态全局变量只在定义该变量的源文件内有效, 为该源文件内的函数所共用, 但在同一源程序的其他源文件中不能使用它。

例： 分析下列程序的运行结果。

```c
/*源文件：demo8_25.c*/
#include <stdio.h>
static int x=2;          /*定义静态全局变量 x，作用域仅限本文件*/
int y=3;                 /*定义全局变量 y*/
extern void add1();     /*声明外部函数 add1*/
main()
{
    add1();
    printf("x=%d;y=%d\n",x,y); /*输出静态全局变量 x，全局变量 y 的值*/
}
/*源文件：demo8_23.c*/
#include <stdio.h>
void add1()
{
    extern int y;          /*声明另一个文件中的全局变量 y*/
    extern int x;//出错，x 是静态变量，不能扩展
    x+=10;
    y+=2;
    printf("int add1 x=%d\n",x);/*输出外部文件中静态全局变量 x 的值*/
    printf("int add1 y=%d\n",y);/*输出外部文件中静态全局变量 y 的值*/
}
```

demo8_23.c 中定义了静态全局变量 x，它的作用域仅仅是 demo8_23.c。虽然在 demo8_25.c 中用了"extern"，但仍然不能使用 demo8_23.c 中的全局变量 x。

在程序设计中，常由若干人分别完成各个模块，各人可以独立地在其设计的文件中使用相同的外部变量名而不互相干扰。只需在每个文件中定义外部变量时加上 static 即可。这就为程序的模块化、通用性提供了方便。如果已确认其他文件不需要引用本文件的外部变量，就可以对本文件中的外部变量都加上 static，使其成为静态外部变量，以免被其他文件误用。这就相当于把本文件的外部变量对外界"屏蔽"起来，从其他文件的角度看，这个静态外部变量是"看不见、不能用"的。

把自动局部变量改变为静态局部变量后是改变了它的存储区域以及它的生存期。把全局变量改变为静态全局变量后是改变了它的作用域，限制了它的使用范围。

因此 static 这个说明符在不同的地方所起的作用是不同的。

8.11.5　存储类型小结

从前文可知，对一个数据进行定义，需要指定两种属性：数据类型和存储类型，分别使用两个关键字，如下所示。

存储类型小结

```c
static int a;//静态局部整型变量或静态外部整型变量
auto char c;//自动变量，在函数内定义
register int d;//寄存器变量，在函数内定义
```

此外，可以用 extern 声明已定义的外部变量，如下所示。

extern b;//将已定义的外部变量 b 的作用域扩展至此

下面从不同角度做些归纳。

（1）从作用域角度分，有局部变量和全局变量。它们采用的存储类型如表 8-2 所示。

表 8-2 从作用域角度分

局部变量	自动变量，即动态局部变量（离开函数，值就消失）
	静态局部变量（离开函数，值仍保留）
	寄存器变量（离开函数，值就消失）
	形式参数可以定义为自动变量或寄存器变量
全局变量	静态外部变量（仅限本文件引用）
	外部变量（即非静态的外部变量，允许其他文件引用）

（2）从变量存在的时间（生存期）来区分，有动态存储和静态存储两种类型。静态存储是程序在整个运行时间都存在，而动态存储则是在调用函数时临时分配单元，如表 8-3 所示。

表 8-3 从生存期角度分

动态存储	自动变量，即动态局部变量（离开函数，值就消失）
	寄存器变量（离开函数，值就消失）
	形式参数可以定义为自动变量或寄存器变量
静态存储	静态局部变量（函数内有效）
	静态外部变量（仅限本文件引用）
	外部变量（用 extern 声明后，允许其他文件引用）

8.12 习题

8.12.1 函数的调用与声明

1. 以下程序的运行结果是（　　　）。

```c
#include <stdio.h>
void fun(int k);//函数声明
int main()
{   int w=5;
    fun(w);//函数调用
    printf("\n");
    return 0;
}
void fun(int k)//函数定义
{   if(k>0) fun(k-1);
    printf("%d",k);
}
```

A. 5 4 3 2 1　　　　B. 0 1 2 3 4 5　　　　C. 1 2 3 4 5　　　　D. 5 4 3 2 1 0

2. 在调用函数时，如果实参是简单变量，它与对应形参之间的数据传递方式是（　　）。

    A. 地址传递　　　　　　　　　　　　B. 单向值传递

    C. 由实参传给形参，再由形参传回实参　D. 传递方式由用户指定

3. 若各选项中所用变量已正确定义，函数 fun 中通过 return 语句返回一个函数值，下列选项中错误的程序是（　　）。

    A. main( ){…x=fun(2,10);…}　　　　float fun(int a,int B{…}

    B. float fun(int a,int B){…}　　　　main( ){…x=fun(i,j);…}

    C. float fun(int,int);main( ){…x=fun(2,10);…}float fun(int a,int B){…}

    D. main( ){float fun(int i,int j);…x= fun(i,j);…}float fun(int a,int B){…}

4. 以下程序的运行结果是（　　）。

```
#include<stdio.h>
void fun(int a,int b){
    int t;t=a;a=b;b=t;
}
main()
{
    int c[10]={1,2,3,4,5,6,7,8,9,0},i;
    for(i=0;i<10;i+=2)
        fun(c[i],c[i+1]);

    for(i=0;i<10;i++)
        printf("%d,",c[i]);
    printf("\n");
}
```

    A. 1,2,3,4,5,6,7,8,9,0,　　　　　　B. 2,1,4,3,6,5,8,7,0,9,

    C. 0,9,8,7,6,5,4,3,2,1,　　　　　　D. 0,1,2,3,4,5,6,7,8,9,

5. 以下程序的运行结果是（　　）。

```
#include<stdio.h>
double f(double x);
main(){
    double a=0;int i;
    for(i=0;i<30;i+=10) a += f((double)i);
    printf("%3.0f\n",a);
}
double f(double x){
    return x*x+1;
}
```

    A. 500　　　　　　B. 401　　　　　　C. 503　　　　　　D. 1404

6. 以下程序的运行结果是（　　）。

```
#include <stdio.h>
main( )
{
    int m=1,n=2,*p=&m,*q=&n,*r;
    r=p;p=q;q=r;
    prinf("%d,%d,%d,%d\n",m,n,*p,*q);
}
```

　　A．2,1,1,2　　　　　B．1,2,1,2　　　　　C．2,1,2,1　　　　　D．1,2,2,1

7. 若有函数首部 "int fun（double x[10],int *n）"，则下列针对此函数的函数声明语句中正确的是（　　　）。

　　A．int fun(double,int)

　　B．int fun(double *,int *);

　　C．int fun(double *x,int n);

　　D．int fun(double x,int *n);

8. 读程序并写结果。

```c
#include <stdio.h>
int fun1(int a,int b)
{   int c;
    int fun2(int a,int b);
    a+=a; b+=b;
    c=fun2(a,b);
    return  c*c;
}
int fun2(int a,int b)
{   int c;
    c=a*b%3;
    return  c;
}
int main()
{   int x=11,y=19;
    printf("The final result is:%d\n",fun1(x,y));
    return 0;
}
```

9. 读程序并写结果。

```c
#include <stdio.h>
void t(int x,int y,int cp,int dp)
{
    cp=x*x+y*y;
    dp=x*x-y*y;
}
int main()
{
    int a=4,b=3,c=5,d=6;
    t(a,b,c,d);
    printf("%d,%d\n",c,d);
    return 0;
}
```

10. 读程序并写结果。

```c
#include <stdio.h>
int fun(int x,int y,int z)
{
    z=x*x+y*y;
    return z;
}
int main()
{
    int a=31;
    a=fun(5,2,a);
    printf("%d",a);
```

```
    return 0;
}
```

8.12.2 函数的嵌套调用和递归调用

1. 以下程序的运行结果是（ ）。

```
#include <stdio.h>
int f(int x);
main(){
    int n=1,m;
    m=f(f(f(n)));
    printf("%d\n",m);
}
int f(int x){ return x*2;}
```

    A. 8   B. 2   C. 4   D. 1

2. 以下程序的运行结果是（ ）。

```
#include<stdio.h>
int fun (int x,int y){
    if(x!=y)return((x+y)/2);
    else  return( x );
}
main( ){
    int a=4, b=5,c=6;
    printf("%d\n", fun(2*a,fun(b,c)));
}
```

    A. 6   B. 3   C. 8   D. 12

3. 以下程序的运行结果是（ ）。

```
#include<stdio.h>
int f(int x,int y){ return((y-x)*x); }
main( ){
    int a=3,b=4,c=5,d;
    d=f(f(a,b),f(a,c));
    printf("%d\n",d);
}
```

    A. 7   B. 10   C. 8   D. 9

4. 设有如下函数定义：（二级真题）

```
#include<stdio.h>
int fun( int k ){
    if(k<1) return 0;
    else if(k==1) return 1;
    else  return fun(k-1)+1;
}
```

若执行调用语句"n=fun(3);"，则函数 fun 总共被调用的次数是（ ）。

    A. 2   B. 3   C. 4   D. 5

5. 以下程序的运行结果是（ ）。

```
#include<stdio.h>
int fun(int x){
    int p;
    if(x==0||x==1)  return(3);
```

```
        p=x-fun(x-2);
        return p;
}
main(){
        printf("%d\n",fun(7));
}
```

  A. 2   B. 3   C. 7   D. 0

6. 读程序并写结果。

```
#include <stdio.h>
long fun(int n){
        long s;
        if(n==1||n==2) s=2;
        else  s=n+fun(n-1);
        return s;
}
int main(){
        printf("%ld\n",fun(4));
        return 0;
}
```

7. 读程序并写结果。

```
#include <stdio.h>
int main(){
void add();
        int i;
        for(i=0;i<2;i++)
        add();
        return 0;
}
void add(){
        int x=0;
        int y=0;
        printf("%d,%d\n",x,y);
        x++; y=y+2;
}
```

8. 读程序并写结果。

```
#include <stdio.h>
int func(int a,int b)
{ return(a+b); }
int main()
{
        int x=2,y=5,z=8,r;
        r=func(func(x,y),z);
        printf("%d\n",r);
        return 0;
}
```

9. 读程序并写结果。

```
#include <stdio.h>
long fib(int n)
{
        if(n>2)return(fib(n-1)+fib(n-2));
        else return(2);
}
```

```
int main()
{
    printf("%d\n",fib(3));
    return 0;
}
```

10. 以下函数的功能是求阶乘，请填空。

```
#include <stdio.h>
int  main()
{
   (1)
  int n;
  double y;
  printf("input a positive integer number:");
  scanf("%d",&n);
  y=  (2)  ;
  printf("%d!=%.0f\n",n,y);
  return 0;
}
 double fac(int n)
 {
 double f;
 if(n==0||n==1) f=1;
 else    f=fac(n-1)*n;
 return   (3)  ;
 }
```

8.12.3 数组作为函数参数——值传递与地址传递

1. 以下程序的运行结果是（   ）。

```
#include<stdio.h>
void sub(int s[],int y)
{ int t=3;
    y=s[t];t--;
}
int main()
{   int a[]={1,2,3,4},i,x=0;
    for(i=0;i<4;i++){
    sub(a,x);printf("%d",x);}
    printf("\n");
    return 0;
}
```

  A. 1234   B. 4321   C. 0000   D. 4444

2. 以下程序的运行结果是（   ）。

```
#include<stdio.h>
void f(int b[])
{
    int i;
    for(i=2;i<6;i++)
        b[i] *= 2;
}
main( )
{
```

```
    int a[10]={1,2,3,4,5,6,7,8,9,10},i;
    f(a);
    for(i=0;i<10;i++)
        printf("%d,",a[i]);
}
```

A. 1,2,3,4,5,6,7,8,9,10,   B. 1,2,6,8,10,12,7,8,9,10,

C. 1,2,3,4,10,12,14,16,9,10,   D. 1,2,6,8,10,12,14,16,9,10,

3. 当调用函数时，实参是一个数组名，则向函数传递的是（   ）。

A. 数组的长度   B. 数组的首地址

C. 数组每一个元素的地址   D. 数组每个元素中的值

8.12.4　全局变量和局部变量

1. 在一个 C 语言源文件中所定义的全局变量，其作用域为（   ）。（二级真题）

A. 由具体定义位置和 extern 说明来决定范围

B. 所在程序的全部范围

C. 所在函数的全部范围

D. 所在文件的全部范围

2. 读程序并写结果。

```
#include<stdio.h>
int a=3,b=5;//a, b是全局变量
int main()
{
    int max(int a,int b);//函数声明, a, b是形参
    int a=8;//a是局部变量
    printf("max=%d\n",max(a,b));
    return 0;
}
int max(int a,int b)//a,b是函数形参
{
    int c;
    c=a>b?a:b;//把 a 和 b 中的较大者存放在 c 中
    return c;
}
```

8.12.5　变量的存储类型

1. 在 C 语言中，只有在使用时才占用内存单元的变量，其存储类型是（   ）。（二级真题）

A. auto 和 static   B. extern 和 register   C. auto 和 register   D. static 和 register

2. 以下程序的运行结果是（   ）。

```
#include <stdio.h>
int fun( )
{
    static int x=1;
```

```
        x * =2;
        return x;
    }
main( )
{
    int i, s=1;
    for( i=1; i<=3;i++ )
        s * =fun();
    printf("%d\n", s);
}
```

    A. 10   B. 30   C. 0   D. 64

3. 以下程序的运行结果是（　　　　）。

```
#include <stdio.h>
int fun(int x[],int n)
{
    static int sum=0, i;
    for(i=0;i<n;i++ )
        sum +=x[i];
    return sum ;
}
main( )
{
    int a[]={1,2,3,4,5}, b[]={6,7,8,9|,s=0;
    s=fun(a, 5)+fun(b,4);
    printf("%d\n" ,s);
}
```

    A. 55   B. 50   C. 45   D. 60

4. 下列叙述中错误的是（　　　　）。（二级真题）

    A. C 语言程序函数中定义的自动变量，系统不自动赋确定的初值

    B. 在 C 语言程序的同一函数中，各复合语句内可以定义变量，其作用域仅限本复合语句内

    C. C 语言程序函数中定义的赋有初值的静态变量，每调用一次函数赋一次初值

    D. C 语言程序函数的形参不可以声明为 static 型变量

第9章
C语言特产——指针

指针是一种数据类型，它是 C 语言的重要内容之一。正确而灵活地使用指针，可以有效地描述各种复杂的数据结构，能够动态地分配内存空间，方便地操作字符串；还可以自由地在函数之间传递各种类型的数据，使程序简洁紧凑，执行效率高。

9.1 指针简介

指针是 C 语言的一大重点，利用指针可以直接对地址进行操作。在讲解指针之前，先讲解一下计算机的内存地址。因为指针是对内存地址进行操作的，要合理利用指针就必须先了解计算机内存地址结构。

指针简介

计算机中的内存被划分为一个个存储单元，其中每个存储单元是以字节为单位的。每一个存储单元都有自己的编号，计算机通过编号可以访问相应存储单元中的内容，这个编号就称为"内存地址"。编译系统会根据变量的类型所占的位数分配一定长度的存储空间，用来存放数据。例如，有以下语句。

```
char ch = 'a';
int x = 1, y = 2;
```

编译程序时，会给变量 ch 分配 1 字节的存储空间，为变量 x、y 分别分配 4 字节的存储空间。设其首地址为 3000，则其内存地址分配如图 9-1 所示。

	内存地址编号	内存内容
变量ch首地址	3000	a
变量x首地址	3001	1
变量y首地址	3005	2

图 9-1 内存地址分配图

程序运行时，如果要用"scanf("%d",&x);"给变量 a 输入一个整数，操作系统会根据变量名与内存用户数据区地址的对应关系，找到变量 x 的存储单元地址 3001，把从键盘上输入的值（假设为 1）存放到地址为 3001～3004 的 4 个存储单元中。同理，当执行输出语句"printf("%d", x);"时，也需先找到变量 x 的存储单元地址 3001，然后从其开始的 4 个字节中取出变量 x 的值进行输出。这种方式称为"直接访问"。

在 C 语言中还有另外一种访问内存的方式，即"间接访问"。间接访问就好像你要找一个人，你不知道他在哪，但你知道有一个人知道他在哪个地方，你可以通过那个人来找到你要找的人。指针就如同那个人一样，是一种媒介，可以找到变量的内存地址并对其进行操作，例如，有以下语句。

```
int x=1, y=2;
int *p;
p = &x;
```

定义两个整型变量 x、y，另外定义一个整型指针 p，它是指向变量 x 的，利用该指针可以对变量 x 内存地址中的内容进行操作。其内存地址表如图 9-2 所示。

3000	1
3004	2
......	
4000	3000

图 9-2　内存地址表

指针可以指向变量的内存地址，并对其中的内容进行操作，可以方便快捷地对数据进行操作。

9.2　指针变量的定义

在 C 语言中，所有变量都必须先定义后使用，指针变量也不例外。指针变量定义的一般格式如下。

数据类型标识符 *指针变量名；

指针变量的定义

其中，数据类型标识符是指该指针变量所指向的变量的类型。定义一个指针变量必须用符号"*"，它表明其后的变量是指针变量，如下所示。

```
char ch;
int a;
float b;
char *p_ch;//定义一个指向字符型变量的指针变量 p_ch
int *p_a;//定义一个指向整型变量的指针变量 p_a
float *p_b;//定义一个指向单精度浮点型变量的指针变量 p_b
```

定义指针时应注意以下几点。

- 指针变量名为 p_ch、p_a、p_b，而不是*p_ch、*p_a、*p_b。
- 在定义了一个指针变量以后，系统为这个指针变量分配一定的存储单元（4 个字节），用来存放某一变量的地址。要使一个指针变量指向某个变量，必须将变量的地址赋给该指针变量。
- 一个指针变量只能指向同类型的变量，如可以把 int 型变量 a 的地址放到指针变量 p_a 中，而不能把 float 型变量 b 的地址放到指针变量 p_a 中。

9.3　指针变量的初始化

指针变量同普通变量一样，使用之前不仅要定义，而且必须给它赋初值，这称为指针变量的初始化。未经赋值的指针变量不能使用，否则将造成系统混乱，甚至死机。指针变量的赋值只能赋予地址值，绝不能赋予任何其他数据，否则将引起错误。

指针变量的初始化

指针变量初始化的一般形式如下。

数据类型标识符 *指针变量名 = 初始地址值;

或者如下。

数据类型标识符 *指针变量名;
指针变量名 = 初始地址值;

在 C 语言中，变量的地址是由编译系统分配的，用户并不知道变量的具体地址，因此，C 语言中提供了取地址运算符 "&" 来表示变量的地址，其一般形式如下。

&变量名;

示例代码如下所示。

```
int m,n[6];
char c;
int *pm = &m;//定义指针变量 pm，将变量 m 的地址赋给指针变量 pm
int *pn = n;//定义指针变量 pn，将数组 n 的地址赋给指针变量 pn
char *pc;//定义指针变量 pc
pc = &c;//将变量 c 的地址赋给指针变量 pc
```

由于数组名代表数组首地址，所以用 "int *pn = n;" 语句定义指针变量 pn，并将数组 n 的首地址赋给指针变量 pn，而不能用 "int *pn = &n;" 语句。

经过初始化后，就可以使指针变量指向具体的某一变量了。如指针变量 pm 指向了整型变量 m；pn 指向了数组 n；pc 指向了字符型变量 c。

指针变量初始化时需注意以下几点。

（1）不允许把一般的整型数值赋给指针变量，否则的话，指针变量就会把该数值作为内存地址，对这种地址进行读写会造成严重的后果。例如，下面的赋值是错误的。

```
int *p;
p = 1000;
```

（2）指针变量的类型必须与其所指向的目标数据类型一致。例如，下面的语句就是错误的。

```
float x;
int *p = &x;
```

（3）定义指针变量后，用赋值语句进行赋初值，需要注意被赋值的指针变量前不能再加 "*" 说明符。

```
char *pc;//定义指针变量 pc
pc = &c;//将变量 c 的地址赋给指针变量 pc
```

如下形式是错误的。

```
char *pc;
*pc = &c;//错误
```

9.4　指针变量的引用

一旦指针变量进行了定义并赋了初值后，就可以在程序中使用了。使用指针变量时，一般会涉及两种相关的运算符，一种是取地址运算符"&"，另一种是取内容运算符"*"。下面先对这两种运算符进行介绍，再讲解指针变量如何引用。

9.4.1　与指针有关的两种运算符

1. 取地址运算符"&"

与指针有关的两种运算符

取地址运算符"&"是一个单目运算符，优先级为 2 级，结合性为自右至左，功能是取变量或数组元素在内存中占用空间的地址，它的返回值是一个整数，如下所示。

```
int x = 10, *p;
p = &x;//&x表示取变量 x 的地址,即将变量 x 的地址赋给指针变量 p
```

（1）取地址运算符"&"是取操作对象的地址而不是取其值。如果变量 x 在内存中的起始地址为 3000，变量 x 的值为 10，则&a 表达式的结果就是 3000，而不是 10。

（2）取地址运算符"&"后面只能跟变量或数组元素（这些对象在内存中有确切的地址），而不能跟表达式或常量，也不能跟数组名（数组名代表数组在内存中的首地址，是地址常量）。

注意　　"&"在形式上虽然与位操作中的"按位与"运算符完全相同，但"按位与"运算符是双目运算符，而此处的取地址运算符是单目运算符，二者在使用上不会发生混淆。

2. 取内容运算符"*"

取内容运算符"*"又称为"间接存取运算符"，它是单目运算符，优先级为 2 级，结合性为自右至左，功能是取指针变量所指向的变量的内容。在运算符"*"之后跟的变量必须是指针变量。

注意　　指针运算符"*"和指针变量定义中的指针说明符"*"不同。在指针变量定义中，"*"是类型说明符，表示其后的变量是指针类型。而表达式中出现的"*"则是一个取内容运算符，用以表示取指针变量所指向的变量的内容。

```
int x=10,*p,y;//说明 p 为指针变量
p = &x;/*取变量 x 的地址赋给指针变量 p*/
y=*p;//p 表示取指针变量 p 所指单元的内容,即变量 x 的值赋给变量 y
```

此例中第 1 条语句和第 3 条语句都出现了"*p"，但意义是不同的。

第 1 条语句为变量说明语句，其中的"*p"表示将变量 p 定义为指针变量，用"*"以区别于一般变量。而第 3 条语句为可执行语句，其中"*p"中的"*"是取内容运算符，表示取指针变量 p 所指向的目标变量的内容，即取变量 x 的值。指针变量 p 与整型变量 x 的关系如图 9-3 所示。

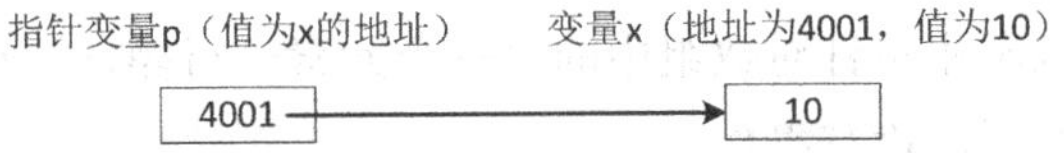

指针变量p（值为x的地址）　　　变量x（地址为4001，值为10）

4001 ── → 10

图 9-3　指针变量 p 与整型变量 x 的关系

9.4.2　指针变量的引用

指针变量的引用

当指针变量定义并初始化后，就可以引用该指针变量。引用的方式有以下两种。

- *指针变量名——代表所指向的目标变量的值。
- 指针变量名——代表所指向的目标变量的地址。

指针变量的引用举例如下。

```
/*源文件: 9_1.c*/
#include <stdio.h>     /*包含 stdio.h 头文件*/
int main()
{
    int a;
    int *p;

    scanf("%d", &a);//输入一个整数保存到变量 a 的地址中
    printf("%d\t", a);//输出变量 a 的值

    p = &a;//把整型变量 a 的地址赋值给指针变量 p
    printf("%d\n", *p);//输出指针变量 p 所指向内存地址中的内容

    scanf("%d", p);//输入一个整数保存到指针变量 p 所指向内存地址中
    printf("%d\t", a);//再次输出变量 a
    printf("%d\t", *p);   //再次输出指针变量 p 所指向内存地址中的内容
    return 0;
}
```

运行结果如下所示。

```
5✓
5       5
9✓
9       9
```

从该例题可以看出，当指针变量 p 指向变量 a 后，访问变量 a 就有了两种方式，一种是直接借助变量 a 的名字访问，如语句 "printf("%d\t", a);"，这称为变量的直接访问方式；另一种就是借助指针变量 p 访问变量 a，如语句 "printf("%d\t", *p);"，这称为变量的间接访问方式。

9.5　指针与一维数组

数组是相同类型元素的集合，在内存中占据着一块连续的存储空间，每个元素都有一个确

定的地址值。因此，可以利用指针对数组中的每一个元素进行操作，在本节中将讲解如何利用指针对数组进行操作。

指针与一维数组

在 C 语言中，数组名可表示数组的首地址，即数组第一个元素所在的位置。在数组中可以通过下标访问数组中的元素，定义指向数组元素的指针也可以实现访问数组元素的功能，如下所示。

```
int x[5];
int *p = x;
```

定义了一个指向整型数组 x 的指针变量 p，其中 int *p=x 和 int *p=&x[0]是等价的，因为数组名可代表数组的首地址，其功能都是将数组的首地址赋给指针变量 p。

在 C 语言中，若指针变量 p 指向数组中的某一元素，则 p+1 指向数组的下一个元素。p=x+1 等价于&x[1]，即将第 2 个元素赋给指针变量 p。p=x+i 可将第 i+1 个元素赋给指针变量 p，等价于&x[i]。

访问数组中的元素可以用以下两种方法。

- 通过下标访问：x[i]。
- 通过指针访问：*(p+i)。

以上两种方法是等价的，都可实现对数组元素的访问。

例：利用上述两种方法，输出整型数组 x[5]中每个元素的值。

输出数组 x 中的元素，可以利用下标和指针来访问。若用下标来访问，可以利用循环输出 x[i]；若用指针访问，先使指针指向数组 x，再输出*(p+1)，即可得到数组中的每个元素，代码示例如下所示。

使用下标访问数组 x，代码如下所示。

```
01: /*源文件: 9_2.c*/
02: #include <stdio.h>     /*包含 stdio.h 头文件*/
03: int main()
04: {
05:     int x[5]={1,2,3,4,5};
06:     int i;
07:
08:     for(i=0;i<5;i++)//循环遍历输出数组元素
09:     {
10:         printf("%d ",x[i]);
11:     }
12:     return 0;
13: }
```

使用指针访问数组 x，代码如下所示。

```
01: /*源文件: 9_3.c*/
02: #include <stdio.h>     /*包含 stdio.h 头文件*/
03: int main()
04: {
05:     int x[5]={1,2,3,4,5};
06:     int *p;
07:
```

```
08:      for(p=x;p<(x+5);p++)//通过指针访问并输出数组中的元素
09:      {
10:          printf("%d ",*p);
11:      }
12:      return 0;
13: }
```

第 8 行～11 行，利用 for 循环以及不同的方法输出数组中的各个元素。该程序的执行结果如下所示。

```
12345 请按任意键继续…
```

在上述两种方法中，使用指针访问数组的执行效率最高，但是对初学者来说往往不直观，很难理解；而使用下标访问数组元素最为直观。

设 p 为指针变量，x 为一维数组，p=x 则应注意以下两个方面。

（1）指针变量的加减运算只能对指向数组元素的指针变量进行，对其他类型的指针变量做加减运算是毫无意义的。

```
int x[5];
int *p=&a[0];
```

指针变量 p 指向数组元素 a[0]（p 的值为&a[0]），那么 p+n 代表的是 a[0]后面第 n 个数组元素 a[n]的地址（&a[n]），p-n 代表 p 指向数组前面的第 n 个元素。

（2）指针不应越界，否则结果会出错，如以下程序。

```
/*源文件: 9_4.c*/
#include <stdio.h>
int main()
{
    int x[5]={1,2,3,4,5};
    int *p;

    for( p = x; p < (x+5); p++)//通过指针访问并输出数组中的元素
    {
        printf("%d",*p++);
    }
    return 0;
}
```

上述程序中 p 很明显越界了，超过了数组下标的范围，因此程序运行的结果将会出错。

9.6　指针与字符串

在 C 语言中，字符数组可以用来存储字符串。从前面的学习可知道，定义一个指针指向用来存放字符串的字符数组，就可通过指针运算对字符串进行各种操作。

指针与字符串

在使用字符数组和指针时应注意以下两个方面。

（1）字符数组名为地址常量，不能改变其值。

```
char s[10] = "abcd";//char s[10]={'a',b,c,d}
```

若改成如下形式，则是错误的。

```
char s[10];
s = "abcd";
```

s 是字符数组名，表示数组的首地址，不能赋值。

（2）可以直接将字符串常量赋值给指针。

```
char *s = "abcd";
```

这里的双引号的作用是在内存中申请空间，用于存放字符串，最后返回地址。可以把返回的地址赋值给指针变量 s。

```
char *s = {"abcd"};
```

这样写也可以，"{}"是程序块的分界符，表示括起来的代码是一个部分的，在初始化的时候，编译器会把大括号（花括号）中的内容取出来使用，所以，这里相当于"char *s = "abcd";"。

```
char *s;
s = "abcd";
```

上述写法都正确，都是将字符串"abcd"赋值给指针变量 s。其中 s 指向字符串"abcd"的首地址。*s 为字符 a，*(s+1)为字符 b，通过指针变量 s 可以改变字符串的内容。

不过，若写成如下形式，则是错误的。

```
char *s;
s = {"abcd"};
```

这样赋值不是初始化赋值，所以编译器不会把大括号中的内容取出来使用。

例：用字符指针变量处理字符串。

```
/*源文件: 9_5.c*/
#include <stdio.h>
int main()
{
    char str[]="C language";//定义字符数组并赋初值
    char *p;
    p = str;
    printf("%s\n",str);//以%s 格式符输出 str 数组的内容
    printf("%s\n",p);//以%s 格式符输出 p 所指向的数组 str 的内容
    for( p = str; *p != '\0'; p++)
    {
        printf("%c",*p);//用%c 格式符输出*p，即 p 所指向的数组元素的内容
    }
    return 0;
}
```

程序中的 p 是指向字符串的指针变量，语句"p=str;"表示将 str 数组的起始地址赋给 p。在输出时，以"%s"格式符输出 str 数组中的字符串和 p 所指向的字符串。也可以用"%c"格式符输出，输出结果是完全相同的。用"%c"格式符输出时，p 的初值为 str 首地址，指向第一个字符 C，判断 p 所指向的字符（*p）是否等于"\0"，如果不等于，就输出该字符。注意，用"%c"格式符输出时，每次只能输出某个数组元素中存放的一个字符；然后执行 p++使 p 指向下一个元素，直到 p 所指向的字符为"\0"为止。

9.7　指针数组

一个数组，若其元素均为指针类型数据，则称为"指针数组"，也就是说，指针数组中的每一个元素都存放一个地址，相当于一个指针变量。下面定义一个指针数组。

指针数组

```
char *p[4];
```

由于"[]"比"*"优先级高，因此 p 先与[4]结合，形成 p[4]形式，这显然是数组形式，表示 p 数组有 4 个元素。然后再与 p 前面的"*"结合，"*"表示此数组是指针类型的，每个数组元素（相当于一个指针变量）都可指向一个整型变量。

定义一维指针数组的一般形式如下。

```
类型名 *数组名[数组长度];
```

类型名中应包括符号"*"，如"char *"表示指向字符型数据的指针类型。

什么情况下要用到指针数组呢？指针数组比较适合用来指向若干个字符串，使字符串处理更加灵活方便。

前面介绍了使用数组保存字符串的方法，使用一维字符数组可保存一个字符串；或使用一个字符指针，可指向一个字符串常量如下所示。

```
char s[]="String1";
char *ps="String2";
```

在程序中，若需要同样处理多个字符串，可通过定义一个二维数组，分别存放多个字符串，如下所示。

```
char s[][7]={"C","PHP","Java","Python"};
```

有了以上定义，可将 s[0]、s[1]、s[2]、s[3]分别作为一个字符串来处理。

用以上语句定义二维数组 s 后，编译器将在内存中分配一片连续的空间来存储这 4 个字符串。二维数组每一行所占用的字节数必须相等，因此，保存以上语句中的 4 个字符串需要使用 4×7=28 字节（每个字符串后自动添加结束字符'\0'），如图 9-4 所示。

图 9-4　二维数组保存字符串

从图 9-4 中可以看出，用二维数组保存多个字符串比较浪费内存空间，无论你是要保存 1 个字符串，还是 99 个字符串，编译器都会申请固定大小的内存来存储字符串，比较浪费内存。并且二维数组的行长度必须以最长字符串来定义。

这时，如果使用指针数组，则可以很方便地解决浪费内存的问题。例如，使用以下程序来定义 4 个字符串。

```
/*源文件: 9_6.c*/
```

```
#include <stdio.h>
int main()
{
    int i;
    char *s[]={
            "C",
            "PHP",
            "Java",
            "Python"
        };
    for(i=0;i<4;i++)
    {
        printf("%s\n",s[i]);
    }
    return 0;
}
```

在以上程序中，首先定义了一个指针数组。在定义时未指定该数组的长度，而是通过初始化字符串由编译器自动决定数组长度。在初始化字符串时，为了方便阅读，将每一个字符串单独排在一行。读者在编程时也应养成这种习惯，使代码的排列便于阅读。

然后，程序使用循环输出每个字符串的内容。编译执行这段程序，得到如下结果。

```
C
PHP
Java
Python
```

上述程序中，指针数组中的每个元素指向不同的字符串。这时 4 个字符串不需要保存在一片连续的内存中，只需将各字符串分别保存在内存中，然后将首字符地址保存到指针数组中即可，如图 9-5 所示。

图 9-5　使用指针数组指向不同的字符串

使用指针数组处理多个字符串的优点就是节约了内存空间，因为每个字符串是单独存放的，不要求每个字符串占用同样的字节数，都是按照实际情况申请内存空间的，从而可节约内存空间。

9.8　二级指针

在前面介绍了指针变量的定义与应用，这些指针变量实际上都可以称为一级指针变量，简称"一级指针"，因为这些指针变量中存放的都是某个数据（如变量、数组等）的地址。

如果一个指针变量存放的是另一指针变量的地址，则称这个指针变量为

二级指针

指向指针的指针变量，即数据类型为"二级指针"。二级指针中存放的是一级指针的地址，这是一种间接指向数据目标的指针变量。二级指针定义的一般格式如下。

```
类型标识符  **指针变量名;
```

示例代码如下所示。

```
int x;          //定义整型变量 x
int *p=&x;      //定义一级指针变量 p，指向整型变量 x
int **q = &p;   //定义二级指针变量 q，指向一级指针变量 p
```

定义一个二级指针变量 q，它指向一级指针变量 p，该一级指针变量 p 又指向一个整型变量，如图 9-6 所示。

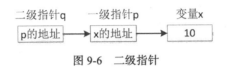

图 9-6　二级指针

在本章开头已经提到了"间接访问"变量的方式。利用指针变量访问另一个变量就是"间接访问"。如果在一个指针变量中存放一个目标变量的地址，这就是"单级间址"，如图 9-7 所示。

图 9-7　单级间址

指向指针数据的指针变量用的是"二级间址"，如图 9-8 所示。

图 9-8　二级间址

从理论上来说，间址方法可以延伸到更多的级，如图 9-9 所示。但实际上在程序中很少有超过二级间址的。级数越多，越难理解，越容易产生混乱，出错机会也越多。

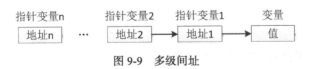

图 9-9　多级间址

例：编写程序，使用以下代码输出数组 a 中各元素的值。

```
/*源文件: 9_7.c*/
#include <stdio.h>
int main()
{
    int i;
    int a[]={1,2,3,4,5,6,7};
    int *p, **pp;
```

```
        printf("使用数组方式输出数组各元素的值: \n");
        for(i=0;i<7;i++){
            printf("%4d",a[i]);
        }
        printf("\n 使用指针方式输出数组各元素的值: \n");
        p=a;
        for(i=0;i<7;i++){
            printf("%4d",*(p+i));
        }
        printf("\n 使用二级指针方式输出数组各元素的值: \n");
        p=a;
        pp=&p;
        for(i=0;i<7;i++)
        {
            printf("%4d",*(*pp+i));
        }
        return 0;
}
```

编译执行这段程序，得到如下结果。

```
使用数组方式输出数组各元素的值:
    1   2   3   4   5   6   7
使用指针方式输出数组各元素的值:
    1   2   3   4   5   6   7
使用二级指针方式输出数组各元素的值:
    1   2   3   4   5   6   7
```

从以上程序可以看出，对于一维数组，使用一级指针变量可方便地操作数组元素，而使用二级指针变量只会让情况更复杂。

9.9 指针与二维数组

9.9.1 二维数组的行地址和列地址

在 C 语言中，可将一个二维数组看成是由若干个一维数组构成的。例如，若有下面的定义。

二维数组的行地址
与列地址

```
int a[3][4];
```

则二维数组的逻辑存储结构如图 9-10 所示。

	第0列	第1列	第2列	第3列
第0行	a[0][0]	a[0][1]	a[0][2]	a[0][3]
第1行	a[1][0]	a[1][1]	a[1][2]	a[1][3]
第2行	a[2][0]	a[2][1]	a[2][2]	a[2][3]

图 9-10 二维数组 a 的逻辑存储结构

可按图 9-10 来理解二维数组的行地址和列地址的概念。首先可将二维数组 a 看成是由 a[0]、a[1]、a[2] 3 个元素组成的一维数组，a 是它的数组名，代表其第一个元素 a[0] 的地址（&a[0]）。

根据一维数组与指针的关系可知，a+1 表示的是首地址所指元素后面的第一个元素的地址，即元素 a[1] 的地址（&a[1]）。同理，a+2 表示元素 a[2] 的地址（&a[2]）。于是，通过这些地址就可引用各元素的值了，例如，*(a+0) 或 *a 即为元素 a[0]（a[0][0] 的地址），*(a+1) 即为元素 a[1]（a[1][0] 的地址），*(a+2) 即为元素 a[2]（a[2][0] 的地址），如图 9-11 所示。

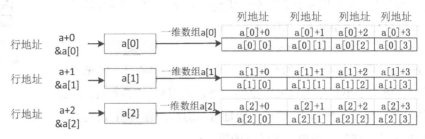

图 9-11　二维数组的行地址和列地址示意图

其次，可将 a[0]、a[1] 和 a[2]3 个元素分别看成是由 4 个整型元素组成的一维数组的数组名。例如，a[0] 可看成是由元素 a[0][0]、a[0][1]、a[0][2] 和 a[0][3] 这 4 个整型元素组成的一维数组的数组名：

- a[0]+0 代表元素 a[0][0] 的地址（&a[0][0]）；
- a[0]+1 代表元素 a[0][1] 的地址（&a[0][1]）；
- a[0]+2 代表元素 a[0][2] 的地址（&a[0][2]）；
- a[0]+3 代表元素 a[0][3] 的地址（&a[0][3]）。

因此：

- *(a[0]+0) 即为元素 a[0][0] 的值；
- *(a[0]+1) 即为元素 a[0][1] 的值；
- *(a[0]+2) 即为元素 a[0][2] 的值；
- *(a[0]+3) 即为元素 a[0][3] 的值。

由于 a[0] 可看成是由 4 个整型元素组成的一维数组的数组名，因此 a[0]+1 中的数字 1 代表的是一个整型元素所占的存储单元的字节数，即二维数组的一列所占的字节数：1×sizeof(int)；而 a 可看成是由 a[0]、a[1]、a[2]3 个元素组成的一维数组的数组名，因此表达式 a+1 中的数字 1 代表的是一个含有 4 个整型元素的一维数组所占的存储单元的字节数，即二维数组的一行所占的字节数：4×sizeof(int)。

根据上面分析可归纳如下。如果将二维数组名 a 看成一个行地址（第 0 行的地址），则 a+i 代表二维数组 a 的第 i 行的地址；a[i] 看成一个列地址，即第 i 行第 0 列的地址。行地址 a 每次加 1，表示指向下一行；而列地址 a[i] 每次加 1，表示指向下一列。

例如，二维数组的行地址好比一个宾馆房间所在的楼层号，二维数组的列地址好比一个宾馆房间所在的房间号，要想进入第 i 层的第 j 个房间，必须先从第 1 层开始登楼梯，登到第 i 层后，再从第 i 层的第 1 个房间开始数，直到数到第 j 个房间为止。

9.9.2　通过二维数组的行指针和列指针来引用二维数组

从对二维数组的行地址和列地址的分析可知，二维数组中有两种指针。一种是行指针，使用二维数组的行地址进行初始化；另一种是列指针，使用二维数组的列地址进行初始化。对于图 9-11 所示的二维数组 a，可定义如下的行指针。

通过二维数组的行指针和列指针来引用二维数组

```
int (*row)[4];//数组指针　指针数组　int *row[4]
row = a;//a是二维数组名，表示首行地址
```

在解释变量声明语句中变量的类型时，虽然下标运算符[]的优先级高于指针运算符*，但由于小括号的优先级更高，所以先解释*，再解释[]。所以这里声明的是指针变量（*row），该指针变量指向的是含有 4 个元素的一维数组。这里把 row 作为二维数组 a 的行指针，指向二维数组的第一行。

由于列指针所指向的数据类型为二维数组的元素类型，因此列指针和指向同类型简单变量的指针的定义方法是一样的。例如，对于图 9-11 所示的二维数组 a，可定义如下的列指针。

```
int *col;
col = a[0];//a[0]是&a[0][0]，表示首个元素地址
```

定义了列指针 col 后，为了能通过 col 引用二维数组 a 的元素 a[i][j]，可将数组 a 看成一个由 m（行）×n（列）个元素组成的一维数组。由于 col 代表数组的第 0 行第 0 列的地址，而从数组的第 0 行第 0 列开始寻址到数组的第 i 行第 j 列，中间需跳过 i*n+j 个元素，因此，col +i*n+j 代表数组的第 i 行第 j 列的地址，即&a[i][j]，*(col +i*n+j)或 col[i*n+j]都表示 a[i][j]。

示例代码如下所示。

```
/*源文件：9_8.c*/
#include <stdio.h>
int main()
{
    int a[3][4]= {{1,2,3,4},{5,6,7,8},{9,10,11,12}};

    int (*row)[4];//定义行指针
    int *col;//定义列指针
    /******************行地址*******************/
    //a是数组名，代表其第一个元素a[0]的地址,第0行地址
    printf("a:0x%x\n",a);
    //元素a[1]的地址，第1行的地址
    printf("a+1:0x%x\n",a+1);
    //表示元素a[2]的地址（&a[2]），第2行的地址
    printf("a+2:0x%x\n",a+2);
    //元素a[0]（第0行首元素a[0][0]的地址）
    printf("*(a):0x%x\n",*(a));
    //元素a[1]（第1行首元素a[1][0]的地址）
    printf("*(a+1):0x%x\n",*(a+1));
    //元素a[2]（第2行首元素a[2][0]的地址）
    printf("*(a+2):0x%x\n",*(a+2));
    //从地址中取出值
```

```
printf("*(*(a+2)):%x\n",*(*(a+2)));
printf("*(*(a+2)):%x\n",*(*(a+2)+1));
/******************列地址**********************/
printf("a[0]+0:0x%x\n",a[0]+0);//代表元素 a[0][0]的地址（&a[0][0]）
printf("a[0]+1:0x%x\n",a[0]+1);//代表元素 a[0][1]的地址（&a[0][1]）
printf("a[0]+2:0x%x\n",a[0]+2);//代表元素 a[0][2]的地址（&a[0][2]）
printf("a[0]+3:0x%x\n",a[0]+3);//代表元素 a[0][3]的地址（&a[0][3]）
printf("*(a[0]+0):0x%x\n",*(a[0]+0));//元素 a[0][0]的值
printf("*(a[0]+1):0x%x\n",*(a[0]+1));//元素 a[0][1]的值
printf("*(a[0]+2):0x%x\n",*(a[0]+2));//元素 a[0][2]的值
printf("*(a[0]+3):0x%x\n",*(a[0]+3));//元素 a[0][3]的值
/********通过二维数组的行指针和列指针来引用二维数组*********/
row = a;//a是二维数组名，表示首行地址
col = a[0];//a[0]是&a[0][0]，表示首个元素地址

printf("*(row[0]+1):%d\n",*(row[0]+1));//元素 a[0][1]的值
printf("*(row[1]+2):%d\n",*(row[1]+2));//元素 a[1][2]的值
printf("*(col+0+1):%d\n",*(col+0+1));//元素 a[0][1]的值
printf("*(col+1*4+2):%d\n",*(col+1*4+2));//元素 a[1][2]的值,需跳过 i*n+j 个元素
return 0;
}
```

9.10 指针与函数

9.10.1 函数名与指针的关系

就像数组名指向数组元素的首地址一样，函数名也指向函数的内存地址，函数在内存中也有对应的一块存储单元，函数名便是指向该块内存的地址。换句话说，可通过函数名确定要执行的代码块在内存中的位置。

函数名与指针的关系

做一个小实验来验证上面的结论，示例代码如下。

```
/*源文件: 9_9.c*/
#include <stdio.h>
int main()
{
    void disp();//函数声明
    printf("disp:0x%x",disp);//函数地址输出
    disp();//函数执行
    return 0;
}
void disp()//函数定义
{
    printf("\nHello!");//只输出一句话
}
```

输出结果如下。

```
disp:0x115118b
Hello!
```

提示　　　内存分配方式随编译器和操作系统的不同而有所不同，因此，在读者的计算机上，输出的地址可能与此处给出的结果不同。

执行完以上程序可以发现，编译器输出函数名 disp，并将其解释为一个内存地址 0x115118b，这个地址即是该函数可执行代码在内存中的位置。

可以定义一个指向函数的指针变量，用来存放某一函数的起始地址，这就意味着此指针变量指向该函数。

```
int (*p)(int, int);
```

定义 p 是一个指向函数的指针变量，它可以指向函数类型为整型且有两个整型参数的函数。此时，指针变量 p 的类型用 "int(*)(int, int)" 表示。

下面的例子是用函数的指针变量调用函数的方法。

```
/*源文件: 9_10.c*/
#include <stdio.h>
int main()
{
    int max(int x, int y);//函数声明
    int (*p)(int,int);//定义指向函数的指针变量 p
    int a=10,b=8,result;
    p = max;//使指针 p 指向 max 函数
    result = (*p)(a,b);//通过指针变量调用 max 函数
    printf("a=%d, b=%d, max = %d\n", a, b, result);
    return 0;
}
int max(int x, int y)//函数定义
{
    int z;
    if(x>y) z = x;
    else z = y;
    return z;
}
```

注意　　　使用时 p 和(*p)等价。

9.10.2　返回指针变量的函数

一个函数可以返回一个整型值、字符值、实型值等，也可以返回指针型的数据，即地址。其概念与之前介绍的类似，只是返回值的类型是指针类型而已。

例如，"int *a(intx,inty);"，a 是函数名，调用它以后能得到一个 int*型的指针（指向整型数据），即整型数据的地址。x 和 y 是函数 a 的形参，为整型。

返回指针类型的函数

　　请注意，在"*a"的两侧没有括号，在 a 的两侧分别为*运算符和()运算符。而()优先级高于*，因此 a 先与()结合，表示这是函数形式。这个函数前面有一个*，表示此函数是指针型函数（函数返回值是指针）。

　　定义返回指针值的函数的原型的一般形式如下。

类型名 *函数名(参数表列);

　　对初学 C 语言的人来说，可能不大习惯这种定义形式，容易弄错，使用时要十分小心。下面的例子可以让读者初步了解怎样使用返回指针的函数。

　　例：用指针型函数查找星期几的英文名称。

```c
/*源文件: 9_11.c*/
#include <stdio.h>
int main()
{
    int code;
    char *w,*day_name(int);//day_name 指针型函数声明
    printf("Input Day No:");
    scanf("%d",&code);
    w = day_name(code);
    printf("Today is :%s\n", w);
    return 0;
}
char *day_name(int n)//指针型函数定义
{
    char *name[]={
            "Illegal day",
            "Monday",
            "Tuesday",
            "Wednesday",
            "Thursday",
            "Friday",
            "Saturday",
            "Sunday"};
    char *day;
    if(n<1||n>7) day = name[0];
    else    day = name[n];
    return day;
}
```

9.11　指针总结

　　指针使 C 语言具有无穷"威力"，想成为一名优秀的 C 语言程序员，必须对指针有深入而完整的理解。本章用了大量篇幅介绍用指针操作各种数据类型，后续内容中还将介绍新的数据类型，以及如何用指针操作这些数据类型。下面先对本章所介绍的内容进行总结。

指针总结

9.11.1 明确分辨各种指针类型

在 C 语言中，指针可指向多种类型的变量，表 9-1 分别列出了各种指针类型。

表 9-1　　　　　　　　　　　下标和指针访问数组元素的测试结果

表示形式	含义
int *p;	指针变量 p，指向整型数据的地址
int *p[n];	指针数组 p，可保存 n 个指向整型数据的指针
int (*p)[n];	数组指针 p，指向含有 n 个整型元素的数组的地址
int *p();	函数 p，该函数的返回值为一个整型指针数据（返回一个地址）
int (*p)();	函数指针 p，可指向一个返回值为整型的函数，通过该指针可调用指向的函数
int **p;	二级指针 p，指向一个整型数据的指针变量

9.11.2 正确理解指针

指针变量的相关名词读起来很绕口，如指针数组、数组指针、指向指针变量的指针变量等，初学者很容易被弄糊涂。下面总结一下指针的 4 项内容，理解这些内容后，再理解指针的相关内容应该要容易得多。

理解一个指针，需要理解以下 4 方面的内容。

- 指针的类型。
- 指针所指向变量的类型。
- 指针的值（指针所指向的内存区域）。
- 指针本身所占据的内存区域。

1. 指针的类型

在定义指针的语句里，将指针变量名去掉，剩下的部分就是这个指针的类型。

```
int *p;          //指针的类型是 int*
char *p;         //指针的类型是 char*
int **p;         //指针的类型是 int**
int (*p)[4];     //指针的类型是 int (*)[4]
int (*ptr)();    //指针的类型是 int (*)()
```

2. 指针所指向变量的类型

在定义指针的语句里，将指针变量名及其左侧的一个 "*" 去掉，剩下的就是指针所指向变量的类型。

```
int *p;          //指针所指向的类型是 int
char *p;         //指针所指向的类型是 char
int **p;         //指针所指向的类型是 int*
int (*p)[4];     //指针所指向的类型是 int ()[4]
int (*ptr)();    //指针所指向的类型是 int ()()
```

注意 指针的类型和指针所指向变量的类型是两个不同的概念。

3. 指针的值（指针所指向的内存区域）

指针的值是指针变量保存的值，这个值将被编译器当作一个地址，而不是一般的数值。在 32 位操作系统中，所有类型指针的值都是一个 32 位整数，因为 32 位操作系统的程序的内存地址全都是 32 位长。

对指针的值进行运算时（如自增运算），将结合指针所指向变量的类型来改变地址值。

4. 指针本身所占据的内存区域

指针变量需要占用内存空间，指针变量所占内存的起始地址又可保存到另一个指针变量中。

9.12 扩充内容：使用指针引用数组元素的优点

对数组元素既可以用下标 a[i] 的方式引用，也可以用指针变量*p 的方式引用。应该说，下标方式能对数组进行随机访问，指针变量却做不到这一点。但是，引入指针的主要目的是提高对数组元素的访问速度。

扩充内容：使用指针
引用数组元素的
优点

在 C 语言中，数组中每一维下标的下界定义为 0。对一维数组，设 a[i] 的存储地址为 Loc(a[i])，每个数组元素占 d 个存储地址，则第 i 个数组元素的地址为：

`Loc(a[i])=Loc(a[0])+i*d (1)`

对二维数组 a[m][n]，a[m][n] 的存储地址是：

`Loc(a[i][j])=Loc(a[0][0]) + ( i*n + j ) * d (2)`

实际上，对数组元素的引用，都要先计算数组元素的地址，才能对指定单元进行操作。显然，一维数组中的地址要进行 1 次乘法和 1 次加法运算；二维数组中的地址则要进行 2 次乘法和 2 次加法运算。如果用指针变量 p 指向数组，连续对数组元素进行引用，可用 p++ 和 p-- 来移动指针。每次引用地址只需进行简单的加法运算，引用数组元素的速度比使用数组下标要快得多。表 9-2 是在某计算机上使用下标和指针两种不同方式对 10000 个元素进行 10000 次访问的时间比较。

从测试结果看，随着数组维数的增加，使用指针方式访问数组的速度基本不变，但下标方式的访问速度明显减慢。

表 9-2　　　　　　　　下标和指针访问数组元素的测试结果

维数	下标方式				指针方式				下标/指针
	三次测试时间			平均	三次测试时间			平均	
一维	2.42	2.47	2.41	2.43	1.70	1.76	1.76	1.74	1.40/1
二维	6.21	6.15	6.09	6.15	1.75	1.71	1.71	1.72	3.57/1
三维	8.68	8.68	8.73	8.70	1.76	1.81	1.81	1.79	4.85/1

9.13　扩充内容：函数指针与函数名

有人说函数的函数名是函数的入口的指针，那么函数指针与函数名有什么区别？以及函数指针一般都有些什么作用？

9.13.1　函数指针与函数名的区别

首先定义一个函数以及一个指向该函数的函数指针，并分别对它们进行调用。

```
/*源文件: 9_12.c*/
#include <stdio.h>
void fun(int x);
int main() {
    void (*funP)(int);//声明函数指针 funP
    funP = &fun;//fun 和&fun 都是该函数的地址

    fun(1);
    (*funP)(2);

    (*fun)(3);
    funP(4);
    return 0;
}
//定义函数 fun
void fun(int x){
    printf("%d\n",x);
}
```

结果输出如下所示。

```
1
2
3
4
```

正如我们平常使用的那样，1 和 2 正常输出了。为了判断函数名是否等价于函数指针，于是把函数名以及函数指针的调用方式换了一下。发现"(* <函数名>)()"的形式也能调用并正常输出，而函数指针直接调用也没有问题。

这里暂时得出如下两个结论。

（1）函数名的使用基本等价于函数指针。

（2）函数名也可以通过"(* <函数名>)()"来调用，只是这种方法读写都不方便，所以被简化了。

接下来，看另外一个问题，是否可以使用"funP = &fun"的形式对 funP 赋值。

发现一个问题是：为什么可以使用"funP = &fun"的形式对 funP 赋值？对于上面发现的问题，试着直接输出 funP 与 fun 作为指针的值，然后进行比较。代码如下。

```
/*源文件: 9_13.c*/
#include<stdio.h>
void fun(int x);
int main(){
    void (*funP)(int);
    funP = &fun;

    printf("%p\n",&fun);
    printf("%p\n\n",funP);

    printf("%p\n",fun);
    printf("%p\n\n",&funP);
    return 0;
}
//函数定义
void fun(int x){
    printf("%d\n",x);
}
```

结果输出如下所示。

```
00D21118
00D21118

00D21118
00EDF8D0
```

首先，所有结果都正常输出了（似乎 fun 真的是一个指针）。

其次，在输出 fun 作为指针的内容时，发现 fun（暂时看作一个指针）的内容就是它的地址，fun 是一个指向自己的指针。根据常说的 fun 作为函数的入口的依据，那么它的地址就是函数入口的地址，然后通过 fun 来找到函数，那么其就应该指向函数的入口。这么解释似乎能说得通为什么 fun 是一个指向自己的指针。

执行上面两段代码后好像能确定函数名就是函数指针，那么来看看作为函数指针，它能否做其他函数指针能做的事，如赋值。

```
funP = &fun;
(*funP)(1);
funP = fun;
(*funP)(2);
```

首先对函数指针 funP 进行两种赋值，发现都能通过编译并运行。其次对 fun 进行赋值，发现下面两条都无法通过编译。

```
fun = funP;
fun = &funP;
```

由此发现，函数名作为指针无法被赋值。对此，有以下两种解释。

第一种，fun 与 funP 函数指针都是函数指针。fun 是一个函数指针常量，funP 是一个函数指针变量。

虽然通过常量与变量来解释函数名无法赋值可以帮助读者理解，但是发现对 fun 赋值时编译器给出的错误提示并不是说无法对常量进行赋值，而是说 "=" 号两端格式不匹配。因此，第二种解释更合理。

第二种，函数名和数组名实际上都不是指针，但是它们在使用时可以退化成指针，即编译器可以帮助我们实现自动转换。

这也可以解释为什么当我们在"="号右侧使用函数名时，无论是取值还是取地址都没有问题，因为编译器替我们做了相当于强制类型转换的工作，而当函数名在"="号左侧时，右侧的函数指针并没有这个功能，毕竟它们不是同一种结构。

9.13.2 函数指针的作用

当无法区分函数名与函数指针时，既然函数名也是函数指针类型，那为什么不直接使用函数名呢？提出函数指针的目的是什么？它又有什么作用？虽然现在明白了函数名不等于函数指针，但是问题还是没得到解决。

1. 作为变量传递，可称为"参数"

既然函数指针如同别的指针变量一样通过"*"来获得，那么函数指针作为变量，自然可以进行赋值、取值等操作，也可以作为函数的参数进行传递。普通指针变量能做什么，它就能做什么。

2. 优化函数调用，封装

通常函数名的命名都是顾名思义的，直接用函数名调用，其可读性自然要好，但如果是不想给别人查看的代码，被人获取后通过函数名就能直接了解具体的函数作用与函数调用，而函数指针可以作为函数的一层"外衣"，提供一定的保护作用。

其次，通过函数指针来调用函数，可以起到一定的封装效果，函数指针作为引用层（中层），函数作为实现层（底层），便于分层设计，函数指针可以为上层用户提供统一的接口，便于系统实现各个功能或操作，降低程序耦合度。

9.14 习题

9.14.1 指针概述与定义

1. 变量的指针，其含义是指该变量的（   ）。

    A. 值   B. 地址   C. 名   D. 一个标志

2. C语言中指针的作用有（   ）。

    A. 有效地描述各种复杂的数据结构   B. 能够动态地分配内存空间

    C. 方便地操作字符串   D. 自由地在函数之间传递各种类型的数据

    E. 使程序简洁紧凑   F. 执行效率高

3. 指针变量的定义包括（   ）。

    A. 数据类型标识符   B. 指针声明符*   C. 指针变量名   D. 取地址符

4. 有以下定义的指针 char *p_ch;int *p_a;float *p_b;，指针变量名是（   ）。

    A. p_ch, p_a, p_b   B. *p_ch, p_a, p_b

C. p_ch, *p_a, p_b   D. p_ch, p_a, *p_b

5. 在定义了指针变量 char *p_ch;int *p_a;float *p_b;以后，系统为这些指针变量分配（　　　）字节的存储单元，用来存放某一变量的地址。要使一个指针变量指向某个变量，必须将变量的地址赋给该指针变量。

A. 2   B. 4   C. 6   D. 8

6. 有以下定义：char *p_ch;int *p_a;float *p_b;

char ch; int a;float b;正确的赋值是（　　　）。

A. p_ch =&ch;   B. p_a =&a;   C. p_b = &b;

D. p_a =&b;   E. p_b = &a;

9.14.2 指针变量的初始化

1. 若有定义：int x,*pb;，则以下赋值表达式正确的是（　　　）。

A. pb = &x;   B. pb = x;   C. *pb = &x;   D. *pb = *x;

2. 若有说明：int i,j=7,*p=&i;，则与"i=j;"等价的语句是（　　　）。

A. i=*p;   B. *p=j;   C. i=&j;   D. i=**p;

3. 若已定义 a 为 int 型变量，则对 p 的定义和初始化正确的是（　　　）。

A. int *p=a;   B. int p=a;   C. int p=a;   D. int *p=&a;

4. 分析下面的程序段，以下说法正确的是（　　　）。

```
swap(int *p1,int *p2)
{ int *p;
*p=*p1; *p1=*p2; *p2=*p;
        }
```

A. 交换*p1 和*p2 的值   B. 正确，但无法改变*p1 和*p2 的值

C. 交换*p1 和*p2 的地址   D. 可能造成系统故障，因为使用了空指针

9.14.3 指针变量的引用

1. 以下程序的运行结果是（　　　）。

```
#include<stdio.h>
void f(int *p, int *q);
main(){
    int m=1, n=2, *r =&m;
    f(r, &n);
    printf("%d,%d", m, n);
}
void f(int *p, int *q)
{
    p=p+1;
    *q= *q+1;
}
```

A. 2,3   B. 1,3   C. 1,4   D. 1,2

2. 以下程序的运行结果是（   ）。

```
#include <stdio.h>
main()
{
    int a=1, b=3, c=5;
    int *p1=&a, *p2=&b, *p=&c;
    *p = *p1 * (*p2);
    printf ("%d\n", c);
}
```

  A. 1   B. 2   C. 3   D. 4

3. 该程序试图通过指针 p 为变量 n 读入数据并输出，但程序有多处错误，下列语句中正确的是（   ）。

```
#include<stdio.h>
main()
{
    int n,*p=NULL;//空指针
    *p = &n;
    printf("Input n:");
    scanf("%d",&p);
    printf("output n:");
    printf("%d\n",p);
}
```

  A. int n, *p= NULL; B. *p=&n;   C. scanf("%d" ,&p) D. printf("%d\n" ,p);

4. 下列程序段中完全正确的是（   ）。

  A. int *p; scanf("%d", p);   B. int *p;scanf("%d", p);

  C. int k, *p =&k;scanf("%d", p);   D. int k, *p;*p=&k;scanf("%d", p);

5. 有如下程序段：

```
int *p ,a=10 ,b=1 ;
p=&a; a=*p+b;
```

执行该程序段后，a 的值为（   ）。

  A. 12   B. 11   C. 10   D. 编译出错

9.14.4　数组与指针

1. 根据声明 int a[10], *p=a; ，下列表达式错误的是（   ）。

  A. a[9]   B. p[5]   C. a++   D. *p++

2. 若已定义：int a[9], *p=a;

并在以后的语句中未改变 p 的值，不能表示 a[1]地址的表达式是（   ）。

  A. p+1   B. a+1   C. a++   D. ++p

3. 对于如下说明：int c, *s, a[]={1, 3, 5};，语法和语义都正确的赋值是（   ）。

  A. c=*s;   B. s[0]=a[0];   C. s=&a[1];   D. c=a;

4. 若有以下定义，则 p+5 表示（   ）。

```
int  a[10],*p=a;
```

　　A. 元素 a[5]的地址　　B. 元素 a[5]的值　　　C. 元素 a[6]的地址　　D. 元素 a[6]的值

5. 若有以下定义，则对 a 数组元素的正确引用是（　　　）。

```
int a[5],*p=a;
```

　　A. *&a[5]　　　　　　B. a+2　　　　　　　　C. *(p+5)　　　　　　　D. *(a+2)

6. 以下程序将数组 a 中的数据按逆序存放，请填空。

```
#define M 8
main()
{int a[M],i,j,t;
 for(i=0;i<M;i++)scanf("%d",a+i);
 i=0;j=M-1;
 while(i<j)
   {
    t=*(a+i); *( __(1)__ )=*( __(2)__ );*( __(3)__ )=t;
    i++;j--;
   }
 for(i=0;i<M;i++)printf("%3d",*(a+i));
}
```

9.14.5　指针与字符串

1. 以下字符数组的赋值方式错误的是（　　　）。

　　A. char string[]="I am a student.";　　　　　　B. const char *p="I am a student";

　　C. char str[20]; str="I am a student.";　　　　　D. strcpy (str,"I am a student.");

2. 下列语句组中正确的是（　　　）。

　　A. char *s;s="rui";　　B. char s[7];s="rui";　　C. char *s;s={"rui"};　D. char s[7];s={"rui"};

3. 以下程序（注：字符 a 的 ASCII 码值为 97）的运行结果是（　　　）。

```
#include<stdio.h>
main()
{
    char *s ={"abc"};
    do
    {
        printf ("%d", *s%10);
        ++s;
    }while(*s);
}
```

　　A. 789　　　　　　　B. abc　　　　　　　　C. 7890　　　　　　　D. 979899

4. 设有定义 "char *c;"，以下选项中能够使 c 正确指向一个字符串的是（　　　）。

　　A. char str[]="string";c=str;　　　　　　B. scanf("%s",c);

　　C. c = getchar();　　　　　　　　　　　D. *c= "string";

5. 以下函数的功能是（　　　）。

```
int fun(char *x, char *y)
{
    int n=0;
    while((*x==*y)&&*x!='\0')
    {
```

```
        x++;
        y++;
        n++;
    }
    return n;
}
```

    A. 将 y 所指字符串赋给 x 所指存储空间

    B. 查找 x 和 y 所指字符串中是否有'\0'

    C. 统计 x 和 y 所指字符串中最前面连续相同的字符个数

    D. 统计 x 和 y 所指字符串中相同的字符个数

9.14.6　指针数组

1. 若有说明：char *language[]={"FORTRAN","BASIC","PASCAL","JAVA","C"};，则以下不正确的叙述是（　　　）。

    A. language +2 表示字符串"PASCAL"的首地址

    B. *language[2]的值是字符 P

    C. language 是一个字符型指针数组，它包含 5 个元素，每个元素都是一个指向字符串变量的指针

    D. language 是一个字符型指针数组，它包含 5 个元素，其初值分别为："FORTRAN" "BASIC" "PASCAL" "JAVA" "C"

2. 设有如下定义：char* aa[2] = {"abcd", "ABCD"};，则以下说法中正确的是（　　　）。

    A. aa 数组的元素的值分别是字符串"abcd"和"ABCD"的内容

    B. aa 是指针变量，它指向含有两个数组元素的字符型一维数组

    C. aa 数组的两个元素分别存放的是字符串的首地址

    D. aa 数组的两个元素中各自存放了字符串"a"和"A"

9.14.7　二维数组与指针

1. 若有定义语句"int a[2][3],*p[3];"，以下语句中正确的是（　　　）。

    A. p=a;   B. p[0]=a;   C. p[0]=&a[1][2];   D. p[1]=&a;

2. 以下程序的运行结果是（　　　）。

```
#include<stdio.h>
#define N 4
void fun(int a[][N],int b[])
{
    int i;
    for (i=0;i<N;i++){
        b[i] = a[i][i] - a[i][N-1-i];
    }
}
main()
{
    int x[N][N]={{1,2,3,4},{5,6,7,8},{9,10,11,12},{13,14,15,16}},y[N],i;
```

```
    fun(x, y);
    for(i=0; i<N; i++)
        printf("%d,", y[i]);
    printf("\n");
}
```

  A. -3,-1,1,3,   B. -12,-3,0,0,   C. 0,1,2,3,   D. -3,-3-3,-3,

3. 以下程序的运行结果是（　　）。

```
#include<stdio.h>
#include<string.h>
main()
{
    char str[ ][20]={"One*World","One*Dream!"},*p=str[1];
    printf("%d, " strlen(p));
    printf("%s\n", p);
}
```

  A. 10,One*Dream! B. 9,One*Dream! C. 9,One*World D. 10,One*World

4. 若有定义语句"int w[3][5];"，则以下不能正确表示该数组元素的表达式是（　　）。

  A. *(&w[0][0]+1) B. *(*w+3)   C. *(*(w+1))   D. *(w+1)[4]

9.14.8　指向函数的指针

1. 设有定义语句"int(*f)(int);"，则下列叙述中正确的是（　　）。

  A. f是基类型为 int 的指针变量

  B. f是指向函数的指针变量，该函数具有一个 int 类型的形参

  C. f是指向 int 类型一维数组的指针变量

  D. f是函数名，该函数的返回值是基类型为 int 类型的地址

2. 有以下程序，则以下函数调用语句错误的是（　　）。

```
#include<stdio.h>
int add( int a, int b)
{
    return(a+b);
}
main( )
{
    int k,(*f)(int,int),a=5,b=10
    f= add;
    ...
}
```

  A. k=f(a, b); B. k=add(a, b); C. k=(*f)(a,b); D. k=*f(a, b);

第10章
编译预处理

在前面各章中，多次使用过以"#"开头的命令，如#include 命令、#define 命令。在源程序中这些命令都放在函数之外，而且通常都放在源文件的前面，它们被称为编译预处理命令。C语言允许在源程序中包含编译预处理命令，在 C 语言编译系统对源程序进行编译之前，需要对这些命令进行"预处理"，然后将预处理的结果连同源程序一起再进行通常的编译处理，从而得到目标代码。预处理是 C 语言的一个重要功能，合理地使用预处理功能可以改善程序设计环境，有助于编写可读性强、易移植、易调试的程序。

编译预处理命令不属于 C 语言语句的范畴，为表示区别，所有的编译预处理命令均以"#"开头，书写时单独占一行，末尾不加分号结束符。

10.1　不带参数的宏定义

宏定义命令#define 用来定义一个标识符或一个字符串，以这个标识符来代表这个字符串，在程序中每次遇到该标识符时就用所定义的字符串替换它，其作用相当于给指定的字符串起一个别名。

不带参数的宏定义

不带参数的宏定义的一般格式如下。

```
#define 宏名 字符串
```

- "#"表示这是一条编译预处理命令。
- "宏名"是一个标识符，必须符合 C 语言标识符的规定。
- "字符串"在此可以是常数、表达式、格式字符串等。

示例如下。

```
#define PI 3.14159
```

其作用是在该程序中用 PI 替代 3.14159，在编译预处理时，每当在源程序中遇到 PI，就自动用 3.14159 代替。

使用#define 命令进行宏定义的好处是，需要改变一个常量的时候只需改变#define 命令行，整个程序的常量都会改变，大大提高了程序的灵活性。

宏名要简单且意义明确，一般习惯用大写字母表示，以便与变量名相区别。

宏定义不是 C 语言语句，不需要在行末加分号。

宏名定义后，即可成为其他宏名定义中的一部分。例如，下面代码定义了正方形的边长 SIDE、周长 PERIMETER 及面积 AREA 的值。

```
#define  SIDE  5
#define  PERIMETER  4*SIDE
#define  AREA  SIDE*SIDE
```

前面强调过，宏替换是以字符串代替标识符，这一点要牢记。因此，如果希望定义一个标准的邀请语，可编写如下代码。

```
#define  STANDARD  "You are welcome to join us."
printf(STANDARD);
```

编译程序遇到标识符 STANDARD 时，就会用"You are welcome to join us."替换。

关于不带参数的宏定义有以下几点需要强调。

（1）如果在字符串中含有宏名，则不进行替换。

示例如下。

```
/*源文件: demo10_1.c*/
#include <stdio.h>
#define TEST "this is an example"
main()
{
    /*定义字符数组并赋初值*/
    char exp[30]="This TEST is not that TEST";
    printf("%s\n",exp);
}
```

程序运行结果如下所示。

```
This TEST is not that TEST
```

上面程序字符串中的 TEST 并没有用"this is an example"来替换，所以说如果字符串中含有宏名，则不进行替换。

（2）#define 命令出现在程序中函数的外面，宏名的有效范围为定义命令之后到此源文件结束。

　　在编写程序时，通常将所有的#define 放到文件的开始处或独立的文件中，而不是将它们分散到整个程序中。

（3）可以用#undef 命令终止宏定义的作用域。

```
/*源文件: demo10_2.c*/
#include<stdio.h>
#define TEST "this is an example"
main()
{
    printf(TEST);
    #undef TEST
}
```

宏定义用于预处理命令，它不同于定义的变量，只做字符替换，不分配内存空间。

10.2 带参数的宏定义

带参数的宏定义不是简单的字符串替换，还要进行参数替换。其一般格式如下。

```
#define  宏名(参数表) 字符串
```

例： 对两个数实现乘法、加法混合运算。

带参数的宏定义

```
/*源文件: demo10_3.c*/
#include<stdio.h>
/*宏定义求两个数的混合运算*/
#define MIX(a,b)  ((a)*(b)+(b))
main()
{
    int x=5,y=9;
    printf("x,y:\n");
    printf("%d,%d\n",x,y);
    /*宏定义调用*/
    printf("the min number is:%d\n",MIX(x,y));
}
```

程序运行结果如下所示。

```
x,y:
5,9
the min number is:54
```

当编译该程序时，由MIX(a,b)定义的表达式被替换，x和y用作操作数，即printf()语句被替换后成为如下形式。

```
printf("运算后的结果:%d\n",((a)*(b)+(b)));
```

对于带参数的宏定义有以下几点需要强调。

（1）宏定义时参数要加括号，如不加括号，有时结果是正确的，有时结果却是错误的。那么什么时候是正确的，什么时候是错误的？下面具体讲解一下。

如在上例中，当参数x=5、y=9时，在参数不加括号的情况下调用MIX(x,y)，可以正确地输出结果；当参数x=5、y=4+5时，在参数不加括号的情况下调用MIX(x,y)，则输出的结果是错误的，因为此时调用的MIX(x,y)的执行情况如下。

```
(5*4+5+4+5);
```

此时计算出的结果是34，而实际上希望得出的结果是54。因此，为了避免出现上面这种情况，在进行宏定义时要在参数外面加上括号。

（2）宏扩展必须使用括号，来保护表达式中低优先级的操作符，以便调用时确保能达到想要的效果。例如，在上例中，宏扩展外没有加括号，则调用以下语句。

```
5*MIX(x,y)
```

此时宏会被扩展为如下形式。

```
5*(a)*(b)+(b)
```

而本意是希望得到如下形式。

```
5*((a)*(b)+(b))
```

解决的办法就是上面说的在宏扩展时加上括号，这样就能避免这种错误的发生。

· 对带参数的宏的展开只是用语句中的宏名后面括号内的实参字符串代替#define 命令行中的形参。

· 在宏定义时，在宏名与带参数的括号之间不可以加空格，否则会将空格以后的字符都作为替代字符串的一部分。

· 在带参数的宏定义中，形式参数不分配内存单元，因此不必做类型定义。

10.3　#include 命令

在一个源文件中使用#include 命令可以将另一个源文件的全部内容包含进来，也就是将另外的文件包含到本文件之中。

#include 命令

使用#include 命令将另一源文件嵌入带有#include 的源文件时，被读入的源文件必须用双引号或尖括号括起来，如下所示。

```
#include "stdio.h"
#include <stdio.h>
```

上面给出了双引号和尖括号的形式，那这两者之间有何区别呢？

· 用尖括号时，系统到存放 C 语言库函数头文件所在的目录中寻找要包含的文件，我们称之为标准方式。

· 用双引号时，系统先在用户当前目录中寻找要包含的文件，若找不到，再到存放 C 语言库函数头文件所在的目录中寻找要包含的文件。

通常情况下，如果为调用库函数使用#include 命令来包含相关的头文件，则用尖括号，可以节省查找的时间；如果要包含的是用户自己编写的文件，一般用双引号。用户自己编写的文件通常是在当前目录中；如果文件不在当前目录中，双引号可给出文件路径。

例：文件包含应用。

（1）文件 f1.h。

```
#define P printf
#define S scanf
#define D "%d"
#define C "%c"
```

（2）文件 f2.c。

```
#include <stdio.h>
/*包含文件f1.h*/
#include "f1.h"
main()
{
    int a;
    P("please input:\n");
    S(D,&a);/*调用f1.h中的宏定义*/
    P("the number is:\n");
```

```
        P(D,a);
        P("\n");
        P(C,a);/*调用 f1 中的宏定义*/
        P("\n");
    }
```

程序运行结果如下所示。

```
please input:
65
the number is:
65
A
```

在此引用 f1.h 的时候使用的是下面的代码。

```
#include "f1.h"/*包含文件 f1.h*/
```

如果使用的是以下代码。

```
#include <f1.h>/*包含文件 f1.h*/
```

则会产生 "fatal error C1083: 无法打开包括文件:'f1.h': No such file or directory" 的错误。

通常用在文件头部的被包含的文件称为 "标题文件" 或 "头部文件"，常以 ".h" 为扩展名，如本例中的 f1.h。

一般情况下将如下内容放到扩展名为 ".h" 的文件中：

- 宏定义；
- 结构、联合和枚举声明；
- typedef 声明；
- 外部函数声明；
- 全局变量声明。

使用 "文件包含" 为实现程序修改提供了方便，当需要修改一些参数时不必修改每个程序，只需修改一个文件（头部文件）即可。

"文件包含" 的注意要点如下。

- 一个#include 命令只能指定一个被包含的文件。
- 文件包含是可以嵌套的，即在一个被包含的文件中还可以包含另一个文件。
- 如果 file1.c 中包含文件 file2.h，那么在预编译后就成为一个文件而不是两个文件，这时如果 file2.h 中有静态全局变量，则该静态全局变量在 file1.c 文件中也有效，不需要再用 extern 声明。

10.4 习题

10.4.1 宏定义和调用

1. 下列关于宏的叙述中正确的是（　　）。

  A. 宏替换没有数据类型限制   B. 宏定义必须位于源程序中所有语句之前

    C. 宏名必须用大写字母表示　　　　　　D. 宏调用比函数调用更耗费时间

2. C 语言的编译系统对宏命令的处理是（　　　）。

    A. 在程序运行时进行的

    B. 在对源程序中其他语句正式编译之前进行的

    C. 在程序连接时进行的

    D. 和 C 语言程序中的其他语句同时进行编译的

3. 以下程序的运行结果是（　　　）。

```
#include<stdio.h>
#define S(x) 4*(x)*x+1
main()
{
    int k=5,j=2;
    printf("%d\n",S(k+j));
}
```

    A. 33　　　　　　　　B. 197　　　　　　　　C. 143　　　　　　　　D. 28

4. 以下程序的运行结果是（　　　）。

```
#include <stdio.h>
#define  SUB(a) (a)-(a)
main()
{
    int a=2,b=3,c=5,d;
    d= SUB(a+b)*c;
    printf("%d\n", d);
}
```

    A. 0　　　　　　　　B. −12　　　　　　　　C. −20　　　　　　　　D. 10

10.4.2　预处理

1. 下列叙述中正确的是（　　　）。

    A. 在 C 语言中，预处理命令行都以"#"开头

    B. 预处理命令行必须位于 C 语言源程序的起始位置

    C. #include<stdio.h>必须放在 C 语言程序的开头

    D. C 语言的预处理不能实现宏定义和条件编译的功能

2. 在"文件包含"预处理语句的使用过程中，当#include 命令后面的文件名用双引号括起来时，寻找被包含的文件的方式是（　　　）。

    A. 直接按系统设定的标准方式搜索目录

    B. 先在源程序所在目录搜索，再按系统设定的标准方式搜索

    C. 仅仅搜索源程序所在目录

    D. 仅仅搜索当前目录

3. 如果程序中有#include "文件名"，则意味着（　　　）。

    A. 将"文件名"所指的该文件的全部内容，复制插入此命令行处

    B. 指定标准输入输出

    C. 宏定义一个函数

    D. 条件编译说明

4. 以下叙述中正确的是（   ）。

    A. 用#include 命令包含的头文件的扩展名不可以是 ".a"

    B. 若一些源程序中包含某个头文件，当该头文件有错时，只需对该头文件进行修改，包含此头文件的所有源程序不必重新进行编译

    C. 宏命令行可以看作一行 C 语言语句

    D. C 语言编译中的预处理是在编译之前进行的

第11章
结构体

在第 4 章中介绍过数据类型有基本数据类型和构造数据类型之分,前几章的程序设计都是围绕基本数据类型(整型、实型、字符型)而展开的。数组是用基本数据类型构造出来的具有相同类型的变量的集合。使用数组可以有效地减少算法的复杂性,简化程序设计。但是要处理具有不同类型而又相互关联的一组数据时,数组就显得力不从心。例如,通讯录中每个人的信息包括姓名、年龄、性别、地址、电话等数据,这些数据具有不同的数据类型,但它们却属于一个整体,用数组是难以描述的。必须使用 C 语言中提供的其他构造数据类型来定义,即结构体类型。这些构造数据类型的定义比较自由,用户可以定义出形式多样的数据类型。它们有一个共同的特点是可以由不同数据类型的多个成员组成。

本章主要介绍结构体类型的定义,结构体变量、结构体数组、结构体指针的定义及应用,并简要介绍使用 typedef 进行类型定义等内容。

11.1 结构体类型与结构体变量

结构体类型和数组类似,都属于构造数据类型。数组是由相同数据类型的多个数据(又称为数组元素)组成的,但结构体是由不同数据类型的多个数据组成的,其中每个数据称为结构体中的一个成员。

在实际问题中,一组数据往往具有不同的数据类型。例如,一个学生的学籍信息表中可以包括学号、姓名、性别、年龄、成绩等数据项,这些数据项类型不同,但都是跟一个学生相联系的,因此就可以把它们组合在一起,定义成一个称为"学生"的结构体类型。其中学号、姓名、性别、年龄、成绩等称为该结构体类型的成员。

11.1.1 结构体类型的定义

在程序中使用结构体之前,首先要对结构体的组成进行描述,称为结构体类型的定义。结构体类型的定义中要说明该结构体包括哪些成员以及每个成员的数据类型。

结构体类型的定义

结构体类型定义的一般格式如下。

```
struct 结构体类型名
{
```

```
        数据类型 成员 1;
        数据类型 成员 2;
        …
        数据类型 成员 n;
    };
```

说明以下 4 点。

（1）"struct"是关键字，其后是"结构体类型名"，它们两者组成了结构体这种构造数据类型的标识符，但"结构体类型名"可以省略（称为"无名结构体类型"）。

（2）"结构体类型名"是由用户命名的，命名原则与普通变量名命名原则一样。

（3）{}括号中是对组成该结构体的各个成员的描述。每个成员的描述由该成员的数据类型及成员名组成，其后用分号";"作为结束符。成员的数据类型可以是 C 语言中任意合法的数据类型（基本数据类型、构造数据类型、指针类型）。

（4）整个结构体类型的定义也用分号作为结束符。

例如，为了描述学籍信息表中的每个学生，可以定义如下的结构体类型。

```
struct student
{
    char no[10];      /*学号*/
    char name[20];    /*姓名*/
    char sex;         /*性别*/
    int age;          /*年龄*/
    float score;      /*成绩*/
};
```

这里定义了一个结构体类型 struct student，它由 5 个成员组成，其中 no 和 name 是字符数组，sex 是字符变量，age 是整型变量，score 是单精度实型变量。借助于这 5 个成员来存放学生的学号、姓名、性别、年龄和成绩数据。

struct student 就是结构体类型的标识符，在语法上它和 int、float、char 等数据类型的标识符性质一样，处于同等地位。理解这点非常重要，因为不论多么复杂的结构体，只要将它看成一种数据类型，就可以很容易地掌握该结构体的有关概念和使用特性。

注意以下两点。

（1）结构体类型定义的位置，可以在函数内部，也可以在函数外部。在函数内部定义的结构体类型，只能在函数内部使用；在函数外部定义的结构体类型，其有效范围是从定义处开始，直到它所在的源文件结束。

（2）对结构体类型进行定义，只是定义了一种 C 语言中原来没有的，而用户实际需要的新的数据类型，列出了该结构体的组成情况，标志着这种结构体类型的"模式"已经存在。但在编译程序时，系统并不会为该结构体类型分配任何的存储空间，只有利用这种结构体类型定义相应的变量时才分配存储空间。

11.1.2　结构体变量的定义

结构体类型定义时系统不会为它分配实际的存储空间，为了能在程序中

结构体变量的定义

使用结构体类型的数据，应在定义了结构体类型以后，再定义该结构体类型的变量，以便在结构体类型的变量中存放具体的数据。结构体类型的变量的定义方式有以下 3 种。

1. 先定义结构体类型，再定义结构体类型的变量

定义格式如下。

```
struct 结构体类型名
{
    数据类型 成员 1;
    数据类型 成员 2;
    …
    数据类型 成员 n;
};
结构体类型 结构体变量名表;
```

示例如下。

```
struct student
{
    char no[10];        /*学号*/
    char name[20];      /*姓名*/
    char sex;           /*性别*/
    int age;            /*年龄*/
    float score;        /*成绩*/
};
struct student s1,s2;
```

其中，struct student 表示结构体类型名，s1 和 s2 分别表示数据类型为 struct student 的结构体变量。

　　定义结构体变量时 struct student 是一个整体，代表该结构体类型，不能省略 struct 关键字。

2. 在定义结构体类型的同时定义结构体类型的变量

定义格式如下。

```
struct 结构体类型名
{
    数据类型 成员 1;
    数据类型 成员 2;
    …
    数据类型 成员 n;
}结构体变量名表;
```

示例如下。

```
struct student
{
    char no[10];        /*学号*/
    char name[20];      /*姓名*/
    char sex;           /*性别*/
```

```
    int age;           /*年龄*/
    float score;       /*成绩*/
}s1,s2;
```

此处，在定义结构体类型 struct student 的同时，紧跟着定义了两个结构体类型的变量 s1 和 s2。

3. 直接定义结构体类型的变量

定义格式如下。

```
struct
{
    数据类型 成员 1;
    数据类型 成员 2;
    …
    数据类型 成员 n;
}结构体变量名表;
```

示例如下。

```
struct
{
    char no[10];       /*学号*/
    char name[20];     /*姓名*/
    char sex;          /*性别*/
    int age;           /*年龄*/
    float score;       /*成绩*/
}s1,s2;
```

与第 2 种定义方式相比，这里的定义省略了结构体名（student）。但这里定义的两个结构体变量 s1 和 s2 与第 2 种方式中定义的完全相同。

这种定义方式的特点是：不能在别处用来另行定义其他的这种结构体类型的变量，要想定义就得将 "struct{……}" 这部分重新写。

一旦定义了结构体变量，编译系统就会为所定义的结构体变量分配存储空间。例如，定义了上述的结构体变量 s1 后，就为 s1 分配了图 11-1 所示的存储空间。

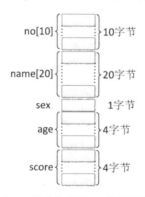

图 11-1　结构体变量 s1 的存储空间

定义结构体变量后虽然为其分配了存储空间，但此时并未给该变量赋值。

11.1.3 结构体变量的初始化和引用

结构体变量的
初始化和引用

1. 结构体变量的初始化

定义结构体变量时可以对其进行初始化赋值，所赋初值按顺序放在一对花括号中即可，如下所示。

```
struct student
{
    char no[10];
    char name[20];
    char sex;
    int age;
    float score;
}s1={"201001020","李航",'M',18,98.5};
```

结构体变量初始化时，C 语言编译系统按每个成员在结构体中的顺序——对应赋初值，不允许跳过前边的成员给后边的成员赋初值。

2. 结构体变量的引用

结构体变量是由不同类型的若干成员组成的集合体。在程序中使用结构体变量时，C 语言标准允许对结构体变量进行整体赋值操作。

（1）对相同类型的结构体变量进行整体赋值操作

```
struct student
{
    char no[10];
    char name[20];
    char sex;
    int age;
    float score;
}s1={"201001020","李航",'M',18,98.5),s2;
s2=s1;
```

语句 "s2=s1;" 执行后，s1 中每个成员的值都赋给了 s2 中对应的成员。这种赋值方法很简单，但必须保证赋值号两边的结构体变量的类型相同。

（2）结构体变量的常规引用

结构体变量的常规引用就是对结构体变量中的各成员进行引用，结构体变量各成员的引用格式如下所示。

结构体变量名.成员名

例如，上例中的结构体变量 s1 具有 5 个成员，可分别按如下格式引用：s1.no、s1.name、s1.sex、s1.age、s1.score。

说明以下两点。

（1）结构体变量名和成员名之间的符号 "." 是 C 语言中的一种运算符，称为成员运算符，它对应的运算称为访问成员运算。成员运算符 "." 的优先级为第一级，结合性为从左到右。

（2）结构体变量中每个成员的数据类型就是定义结构体类型时对该成员规定的数据类型。

结构体变量使用举例如下。

```
/*源文件: demo11_1.c*/
#include<stdio.h>
struct student
{
    char no[10];
    char name[20];
    char sex;
    int age;
    float score;
};
main()
{
    struct student s1={"201001020","李航",'M',18,98.5};/*定义结构体变量 s1 并赋初值*/
    struct student s2;
    s2=s1;   /*s1 的所有成员值赋给 s2 对应的成员*/
    printf("学号: %s\n",s2.no );  /*输出 s2 各成员的值*/
    printf("姓名: %s\n",s2.name );
    printf("性别: %c\n",s2.sex );
    printf("年龄: %d\n",s2.age);
    printf("成绩: %lf\n",s2.score);
}
```

运行结果如下所示。

学号: 201001020

姓名: 李航

性别: M

年龄: 18

成绩: 98.500000

 结构体变量只允许整体赋值，其他操作（如输入、输出、运算等）必须通过引用结构体变量中的成员进行。

11.2　结构体数组

11.2.1　结构体数组的定义

结构体数组是数组的一种，这种数组中的各元素的类型是结构体类型。在实际应用中，经常用结构体数组来表示具有相同数据结构的一个群体，如一个班的学生学籍信息表。

结构体数组

定义结构体数组的方法和结构体变量类似，只需说明它为数组类型即可，如下所示。

```
struct student
{
    char no[10];
    char name[20];
    char sex;
```

```
        int age;
        float score;
}s[5];
```

也可以写成如下形式。

```
struct student
{
        char no[10];
        char name[20];
        char sex;
        int age;
        float score;
};
struct student s[5];
```

这样定义后，s 数组就可以存放 5 个学生的记录，即有 5 个元素，分别为 s[0]、s[1]、s[2]、s[3]、s[4]。

11.2.2　结构体数组的初始化和引用

对结构体数组可以在定义的同时进行初始化赋值。其形式与多维数组的初始化类似，如下所示。

```
struct student s[5]={
        {"201001020","李航",'M',18,98.5},
        {"201001021","王伟",'F',17,87},
        {"201001022","刘辉",'F',18,68},
        {"201001023","于晓丽",'M',19,93},
        {"201001024","张娇",'M',18,85.5},
};
```

结构体数组的引用与结构体变量的引用类似，一般结构体数组的引用格式如下。

结构体数组名[下标].成员名

如 s[0].no、s[0].name、…、s[4].sex、s[4].age 等。

例：统计 5 个学生中的不及格人数。

```
/*源文件: demo11_2.c*/
#include<stdio.h>
struct stu
{
        int no;
        char name[20];
        float score;
};
main()
{
        struct stu s[5];/*定义 struct stu 类型的结构体数组 s*/
        int i, c=0;
        for(i=0;i<5;i++)
        {
                printf("input name and score:");
                scanf("%s%f",s[i].name,&s[i].score);  /*输入姓名和成绩*/
                if(s[i].score<60)
```

```
            c+=1;  /*计算不及格人数*/
        }
        printf("不及格人数:%d",c);
    }
```

运行结果如下所示。

```
input name and score:liu 78
input name and score:wang 53
input name and score:li 90
input name and score:zhao 86
input name and score:zhang 48
不及格人数:2
```

该程序利用 for 语句输入 5 个学生的姓名和成绩，存放在结构体数组对应的成员 s[i].name 和 s[i].score 中，在每次循环输入成绩后借助于 if 语句判断是否小于 60 分，如果小于 60 分，执行 "c+=1" 语句进行计数，最后跳出循环后输出的变量 c 的值就是不及格的人数。

11.3　结构体指针

11.3.1　结构体指针变量的定义与引用

结构体指针变量的
定义与引用

当定义了结构体变量后，系统会给该变量分配一段连续的存储空间。如果一个指针变量中存放的是结构体变量的首地址，则称它为结构体指针变量，简称"结构体指针"。

结构体指针变量中存放的是结构体数据的首地址，与前面介绍的各种指针变量的定义和引用方法类似。

结构体指针变量的定义格式如下。

```
struct 结构体类型名 *结构体指针变量名;
```

示例如下。

```
struct student *p; //p 为 struct student 结构体类型的指针变量
```

引入结构体指针变量后，可以借助该指针变量访问结构体数据（结构体变量、结构体数组等）。

```
/*源文件: demo11_3.c*/
#include<stdio.h>
struct student
{
    char no[10];
    char name[20];
    char sex;
    int age;
    float score;
};
main()
{
    struct student s1={"201001020","李航",'M',18,98.5};/*定义结构体变量 s1 并赋初值*/
```

```
        struct student *p;
        p = &s1;      //结构体指针变量 p 指向 s1

        printf("学号: %s\n",(*p).no ); /*输出 s1 各成员的值*/
        printf("姓名: %s\n",(*p).name );
        printf("性别: %c\n",p->sex );
        printf("年龄: %d\n",p->age);
        printf("成绩: %lf\n",p->score);
}
```

本例借助结构体指针变量 p 来访问结构体变量 s1。因为结构体指针变量 p 中存放的是 s1 的地址（&s1），所以(*p).no 等价于 s1.no，(*p).name 等价于 s1.nane。另外，由于运算符 "*" 的优先级比运算符 "." 的优先级低，所以必须用 "()" 将*p 括起来，若省去括号，则含义就变成了*(p.no)和(p.name)。

在 C 语言中，通过结构体指针变量访问结构体变量的成员可以采用运算符 "->" 实现。"->" 运算符被称为指向成员运算符，它的优先级为第一级，结合性为从左到右。它的运算意义是访问结构体指针变量所指向的结构体数据的成员。

利用 "->" 运算符访问结构体数据的成员的一般形式如下。

结构体指针变量->成员名

例如，p->sex 等价于 s1.sex，p->age 等价于 s1.age。

也就是说，如果有一个结构体变量 s1 和一个指向 s1 的结构体指针变量 p，则访问 s1 的成员有以下 3 种方式。

（1）s1.成员名。

（2）(*p).成员名

（3）p->成员名。

结构体指针变量可以指向一个结构体数组，这时结构体指针变量的值是整个结构体数组的首地址。

例：用指针变量输出结构体数组。

```
/*源文件: demo11_4.c*/
#include<stdio.h>
struct ss
{
    char name[20];
    int score;
}a[5]={"张三",90,"李四",88,"王五",92,"马六",86,"田七",81};
main()
{
    int k;
    struct ss *p;
    p = a;
    printf("姓名\t 成绩\n");
    for(k=0;k<5;k++,p++)
    {
        printf("%-10s%-7d\n",p->name,p->score);
```

```
    }
}
```

运行结果如下所示。

姓名	成绩
张三	90
李四	88
王五	92
马六	86
田七	81

结构体指针变量 p 的初值为结构体数组 a 的首地址，即 &a[0]，所以第一次循环时 p->name 和 p-> score 分别等价于 a[0].name 和 a0]-> >score。第二次循环时由于执行了 p++，p 指向了 a[1]，所以 p->name 和 p-> score 分别等价于 a[1].name 和 a[1]-> score。到最后一次循环时，p 指向了 a[4]，因此 p->name 和 p->score 分别等价于 a[4].name 和 a[4] -> score。这样执行 5 次循环就可以把结构体数组 a 中各元素的值输出出来。

11.3.2　结构体指针作为函数参数

结构体指针作为
函数参数

在 C 语言标准中允许用结构体变量作为函数参数进行整体传递。但是这种传递要将全部成员逐个传送，特别是成员为数组时将会使传送的时间和空间耗费很多，严重降低了程序的效率。因此最好的办法是使用指针，即用结构体指针变量作为函数参数进行传送，这时从实参传向形参的是地址，从而减少了时间和空间的浪费。

例如，声明一个传递结构体变量指针的函数如下。

```
void Display(struct Student *stu);
```

这样，使用形参 stu 指针就可以引用结构体变量中的成员了。这里需要注意的是，因为传递的是变量的地址，如果在函数中改变成员中的数据，那么返回主调函数时变量会发生改变。

例：使用结构体变量指针作为函数参数。

```
/*源文件: demo11_5.c*/
#include <stdio.h>
/*定义结构体类型*/
struct Student//学生结构体
{
    char name[20];//姓名
    float score;//分数
}student={"张三",98.5};//定义变量

void Display(struct Student* stu)//形参为结构体变量的指针
{
    printf("--提示信息--\n");
    printf("姓名: %s\n", stu->name);//使用指针引用结构体变量中的成员
    printf("分数: %f\n", stu->score);//输出分数
    stu->score = 87;//更改成员变量的值
```

```
}
void main()
{
    struct Student *st = &student;//定义结构体变量指针
    Display(st);//调用函数，结构体变量作为实参进行传递
    printf("修改后的分数：%.2f\n", st->score);//输出修改后的值
}
```

运行结果如下所示。

```
--提示信息--
姓名：张三
分数：98.500000
修改后的分数：87.00
```

在主函数 main 中，先定义结构体变量指针，并将结构体变量的地址传递给指针，将指针作为函数的参数进行传递。函数调用完后，再显示一次变量中的成员数据。从输出的结果可以看到在函数中通过指针改变的成员的值，在返回主调函数时值发生了变化。

11.4　用 typedef 定义类型

C 语言提供了许多标准类型名，如 int、char、float 等，用户可以直接使用这些类型名定义所需要的变量。同时 C 语言还允许使用类型定义语句 typedef 定义新类型名，以取代已有的类型名。

用 typedef 定义
类型

示例如下。

```
typedef int INTEGER;
```

功能是指定用 INTEGER 代替 int 类型，以后在程序中就可以利用 INTEGER 定义整型变量了，如下所示。

```
INTEGER x,y;    等价于 int x,y;
```

typedef 类型定义语句的格式如下。

```
typedef    已定义的类型    新的类型;
```

其中，typedef 是类型定义语句的关键字，"已定义的类型"是系统提供的标准类型名或已经定义过的其他类型名（结构体类型），"新的类型"就是用户为其定义的新类型名。typedef 语句的功能是为已定义的类型重新起一个类型名。

说明以下 3 点。

（1）typedef 语句不能创造新的类型，只能为已有的类型增加一个类型名。

（2）typedef 语句只能用来定义类型名，不能用来定义变量。

（3）利用 typedef 语句可以简化结构体变量的定义，如有以下结构体。

```
struct student
{char no[10];
 char name[20];
 char sex;
```

```
    int age;
    float score;
};
```

若要定义结构体变量 std1、std2，应采用如下方式。

```
struct student std1,std2;
```

这样需要输入的内容比较多，可以用 typedef 语句来简化变量的定义，方法有以下两种。

① 先定义结构体类型，再用 typedef 语句为其定义新类型名，如下所示。

```
struct student
{
    char no[10];
    char name[20];
    char sex;
    int age;
    float score;
};/*struct student 结构体类型定义*/
typedef struct student ST; /*为 struct student 定义新名为 ST*/
ST std1,std2;   /*等价于 struct student std1,std2;定义 std1,std2 为结构体变量*/
```

② 在定义结构体类型的同时直接给其定义一个新类型名，如下所示。

```
typedef struct student
{
    char no[10];
    char name[20];
    char sex;
    int age;
    float score;
}ST;/*定义 struct student 结构体类型的同时给其定义一个新类型名 ST*/
ST std1,std2; /*等价于 struct student std1,std2; 定义 std1,std2 为结构体变量*/
```

ST 在此不是被定义成了结构体变量，而是被定义成了结构体类型名。这一点一定要与前面介绍过的"直接定义结构体变量"的形式区分开来。

11.5　链表

11.5.1　什么是链表

什么是链表

链表是一种常见的重要的数据结构，它是以动态地进行存储分配的一种结构。由前面的介绍可知：用数组存放数据时，必须事先定义固定的数组长度（即元素个数）。如果有的班级有 100 人，而有的班级只有 30 人，若用同一个数组先后存放不同班级的学生数据，则必须定义长度为 100 的数组。如果事先难以确定各班的最多人数，则必须把数组定义得足够大，以便能存放任何班级的学生数据，显然这将会浪费内存。链表则没有这种缺点，它根据需要开辟内存单元。图 11-2 所示为最简单的一种链表（单向链表）结构。

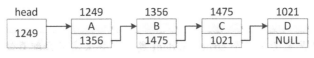

图 11-2　单向链表结构

链表有一个"头指针"变量，图中以 head 表示，它存放一个地址，该地址指向一个元素。链表中每一个元素都称为一个"结点"，每个结点都应包括两个部分：（1）用户需要用到的实际数据；（2）下一个结点的地址。可以看出，head 指向第 1 个元素，第 1 个元素又指向第 2 个元素……直到最后一个元素。该元素不再指向其他元素，它被称为"表尾"，它的地址部分存放一个"NULL"（表示"空地址"），表示链表到此结束。

可以看到链表中各元素在内存中的地址可以是不连续的。要找某一元素，必须先找到它的上一个元素，根据它提供的下一元素地址才能找到下一个元素。如果不提供"头指针"（head），则整个链表都无法访问。链表如同一条铁链一样，一环扣一环，中间是不能断开的。

为了让读者更加深刻地理解什么是链表，举一个通俗的例子：幼儿园的老师带领孩子出来散步。老师牵着第 1 个小孩的手，第 1 个小孩的另一只手牵着第 2 个孩子……这就是一个"链"，最后一个孩子有一只手空着，他是"链尾"。要找到这个队伍，必须先找到老师，然后按顺序找到每个孩子。

显然，链表这种数据结构，必须利用指针变量才能实现，即一个结点中应包含一个指针变量，用它来存放下一结点的地址。

前面介绍了结构体变量，用它去建立链表是最合适的。例如，用指针类型的成员来存放下一个结点的地址，可以设计出如下所示的结构体类型。

```
struct Student
{
    int num;
    float score;
    struct Student* next;//next 是指针变量，指向结构体变量
};
```

其中，成员 num 和 score 用来存放结点中的有用数据（用户需要用到的数据），next 是指针类型的成员，它指向 struct Student 类型数据（就是 next 所在的结构体类型）。一个指针类型的成员既可以指向其他类型的结构体数据，也可以指向自己所在的结构体类型的数据。例如，next 是 struct Student 类型中的一个成员，它指向 struct Student 类型的数据。用这种方法就可以建立链表，如图 11-3 所示。

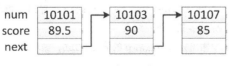

图 11-3　建立链表

图 11-3 中每一个结点都属于 struct Student 类型，它的成员 next 用来存放下一结点的地址，程序设计人员可以不必知道各结点的具体地址，只要保证将下一个结点的地址放到前一结点的

成员 next 中即可。

> **注意** 上面只是定义了一个 struct Student 类型，并未实际分配存储空间，只有定义了变量才分配存储单元。

11.5.2 建立简单的链表

下面通过一个例子来说明怎样建立和输出一个简单链表。

例：建立一个图 11-3 所示的简单链表，它由 3 个学生数据的结点组成，要求输出各结点中的数据。

建立简单的链表

解题思路 声明一个结构体类型，其成员包括 num（学号）、score（成绩）和 next（指针变量）。将第 1 个结点的起始地址赋给头指针 head，将第 2 个结点的起始地址赋给第 1 个结点的 next 成员，将第 3 个结点的起始地址赋给第 2 个结点的 next 成员，第 3 个结点的 next 成员赋予 NULL，这就形成了链表。

编写程序如下。

```
/*源文件: demo11_6.c*/
#include<stdio.h>
struct Student//声明结构体类型 struct Student
{
    int num;
    double score;
    struct Student *next;
};
int main()
{
    struct Student a,b,c, *head, *p;//定义 3 个结构体变量 a,b,c 作为链表的结点
    a.num =10101;a.score=89.5;//对结点 a 的 num 和 score 成员赋值
    b.num =10103;b.score= 90;//对结点 b 的 num 和 score 成员赋值
    c.num =10107;c.score=85;//对结点 c 的 num 和 score 成员赋值
    head=&a;//将结点 a 的起始地址赋给头指针 head
    a.next=&b;//将结点 b 的起始地址赋 a 结点的 next 成员
    b.next=&c;//将结点 c 的起始地址赋 a 结点的 next 成员
    c.next=NULL;//c 结点的 next 成员不存放其他结点地址
    p=head;//使 p 指向 a 结点
    do
    {
        printf("%d%5.1lf\n",p->num,p->score);//输出 p 指向的结点的数据
        p = p->next;//使 p 指向下一结点
    }while(p!=NULL);//输出完 c 节点后 p 的值为 NULL，循环终止

    return 0;
}
```

运行结果如下所示。

```
10101 89.5
10103 90.0
```

```
10107 85.0
```

为了建立链表，使 head 指向 a 结点，a.next 指向 b 结点，b.next 指向 c 结点，这就构成了链表关系。"c. next=NULL " 的作用是使 c.next 不指向任何有用的存储单元。

在输出链表时要借助 p，先使 p 指向 a 结点，然后输出 a 结点中的数据，"p=p->next"语句是为了输出下一个结点而做准备的。p->next 的值是 b 结点的地址，因此执行 "p=p->next" 语句后 p 就指向 b 结点，所以在下一次循环时输出的是 b 结点中的数据。

11.6　习题

11.6.1　结构体类型和结构体变量

1. 以下程序的运行结果是（　　）。

```
#include<stdio.h>
main()
{
    struct STU
    {
        char name[9];
        char sex;
        double score[2];
    };
    struct STU a={"Zhao",'m',85.0,90.0},b={"Qian",'f',95.0,92.0};
    b=a;
    printf("%s,%c,%2.0f,%2.0f\n",b.name,b.sex,b.score[0], b.score[1]);
}
```

　　A．Qian,m,85,90　　　B．Zhao,m,85,90　　　C．Zhao,f,95,92　　　D．Qian,f,95,92

2. 下列结构体的定义语句中错误的是（　　）。

　　A．struct ord {int x; int y; int z;}struct ord a;

　　B．struct ord {int x; int y; int z;};struct ord a;

　　C．struct ord {int x; int y; int z;}a;

　　D．struct{int x;int y;int z;}a;

3. 若程序有以下的说明和定义，则下列赋值语句中错误的是（　　）。

```
struct complex
{
int real,unreal;
}datal={1,8},data2;
```

　　A．data2=(2,6);　　　　　　　　　　B．data2 =datal;

　　C．data2.real= datal.real;　　　　　　D．data2.real=datal.unreal;

11.6.2　结构体数组与指针

1. 有以下程序，以下选项中表达式值为 11 的是（　　）。

```
struct st {int x; int *y;}*pt;
int a[]={1,2},b[]={3,4};
struct st c[2]={10,a,20,b};
pt=c;
```

  A. ++pt->x   B. pt->x   C. *pt->y   D. (pt++)->x

2. 有以下定义和语句，能给 w 中的 year 成员赋 2020 的语句是（   ）。

```
struct workers
{
    int num;
    char name[20];
    char c;
    struct
    {
        int day;
        int month;
        int year;
    }s;
};
struct workers w,*pw;
pw=&w;
```

  A. pw->year=2020;   B. w.year =2020;   C. w.s.year=2020;   D. *pw.year=2020;

3. 以下程序的运行结果是（   ）。

```
#include <stdio.h>
struct tt{int x; struct tt *y;}*p;
struct tt a[4]={20,a+1,15,a+2,30,a+3,17,a};
main(){
    int i;
    p=a;
    for(i=1;i<=2;i++)
    {
        printf("%d,",p->x);
        p=p->y;
    }
}
```

  A. 20,30   B. 30,17   C. 15,30   D. 20,15

4. 有以下结构体说明、变量定义和赋值语句：

```
struct STD{char name[10];int age;char sex;}s[5],*ps;ps=&s[0];
```

则下列 scanf 函数调用语句有错误的是（   ）。

  A. scanf("%s",s[0].name);   B. scanf("%d",&s[0].age);

  C. scanf("%c",&(ps->sex));   D. scanf("%d",ps->age);

5. 定义一个结构体，其中包括学号、姓名、数学成绩、英语成绩、体育成绩。按结构体类型定义一个结构体数组，从键盘输入每个结构体元素所需的数据，然后逐个输出这些元素的数据（可设数组只有 3 个元素）。

6. 有 3 个学生，每个学生的数据包括学号、姓名、3 门课的成绩，从键盘输入 3 个学生的数据，要求输出 3 门课的平均成绩，以及最高分的学生的数据（包括学号、姓名、3 门课的成绩、3 门课的平均成绩）。

11.6.3　用 typedef 说明一个新类型

1. 若有语句 typedef struct S { int g; char h;}T;，则下列叙述中正确的是（　　）。

　　A. 可用 S 定义结构体变量　　　　　　B. 可用 T 定义结构体变量

　　C. S 是 struct 类型的变量　　　　　　D. T 是 struct S 类型的变量

2. 下列叙述中错误的是（　　）。

　　A. 可以用 typedef 将已存在的类型用一个新的名字来代表

　　B. 可以通过 typedef 增加新的类型

　　C. 用 typedef 定义新的类型名后，原有类型名仍有效

　　D. 用 typedef 可以为各种类型起别名，但不能为变量起别名

11.6.4　链表

1. 以下结构类型可用来构造链表的是（　　）。

　　A. struct aa{ int a；int * b；};　　　　B. struct bb{ int a；bb * b；};

　　C. struct cc{ int * a；cc b；};　　　　D. struct dd{ int * a；aa b；};

2. 程序中已构成如下不带头结点的单向链表结构，指针变量 s、p、q 均已正确定义，并用于指向链表结点，指针变量 s 总是作为指针指向链表的第一个结点。

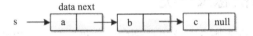

若有以下程序段：

```
q=s;
s=s->next;
p=s;
while(p->next)p=p->next;
p->next=q;
q-next=NULL;
```

该程序段实现的功能是（　　）。

　　A. 删除尾结点　　　　　　　　　　B. 尾结点成为首结点

　　C. 删除首结点　　　　　　　　　　D. 首结点成为尾结点

3. 对于一个头指针为 head 的带头结点的单向链表，判定该表为空表的条件是（　　）。

　　A. head==NULL　　　　　　　　　B. head→next==NULL

　　C. head→next==head　　　　　　　D. head!=NULL

第 12 章
文件

前面介绍的一些内容中的程序在运行时所需要的数据通常都是从键盘输入的，运行的结果显示在屏幕上。这种输入、输出的方式不能实现大量数据的输入和运算结果的保存。这就需要借助于文件来实现。

本章介绍文件的概念、文件指针的定义，以及文件的打开、关闭、读写等简单操作。

12.1 C 语言文件的概念

12.1.1 文件的概念及分类

文件是程序设计中的重要概念。这里所谓的"文件"是指一组相关数据的有序集合，如一批学生的成绩数据、货物交易的数据等。

C 语言文件的概念

一个文件要有一个唯一的文件标识，以便用户识别和引用。文件标识包括 3 部分，分别是文件路径、文件名主干和文件扩展名。如"D:\exam\file.dat"，其中"D:\exam"是文件路径，"file"是文件名，".dat"是文件扩展名。

文件通常是存储在外部介质（如硬盘或 U 盘等）上的，在使用时才调入内存。

C 语言把文件看成一个字符（字节）的序列（简称为"流式文件"），即文件是由一个一个的字符（字节）数据组成的。按数据的组织形式（即数据在硬盘上的存储形式），文件可分为文本文件（字符流）和二进制文件（二进制流）。虽然它们都是字节序列，但它们表示数据的形式和存储方式不同，所以 C 语言要对它们进行区别处理。

文本文件也称为 ASCII 码文件，每个字节存放一个 ASCII 码，表示一个字符。文本文件可在屏幕上按字符显示。在文本文件中，由于数据是采用 ASCII 码的形式进行存储的，所以保存在内存中的所有数据（数据内存中是以二进制形式存储的）在存入文本文件时都要先转换为等价的 ASCII 码字符形式。

二进制文件与文本文件不同，它是把内存中的数据（二进制形式）按其在内存中的存储形式原样存入文件的，存入文件时不需要进行数据转换。

例如，有一个整型的十进制整数 10000，在内存中存储时占 4 个字节，那么用 ASCII 码形式存储在 ASCII 码文件中则占 5 个字节，一个字节对应一个字符。用二进制文件存储则与在内存中存储相同，占 4 个字节，如图 12-1 所示。

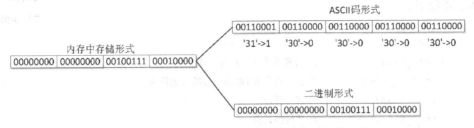

图 12-1　ASCII 码文件和二进制文件存储形式的比较

由此可见，文本文件从内存写到硬盘时，需要把内存中的二进制形式转化成 ASCII 码形式，要耗费转换时间，而且所占用的存储空间大；优点是所建立的文本文件是可读的。二进制文件从内存写到磁盘时，不需要进行转换，所占的存储空间小，可是一个字节并不对应一个字符，所以是不可读的。文本文件和二进制文件各有优缺点，在工程中都有实际应用。

12.1.2　文件的处理方式

C 语言并没有提供对文件进行操作的语句，所有文件的操作都是通过 C 语言编译系统提供的库函数来实现的。C 语言编译系统提供了缓冲文件的处理方式。

缓冲文件系统是指系统自动在内存中为每个正在使用的文件开辟一个缓冲区。当从内存向硬盘输出数据时，先将数据送到内存缓冲区，待缓冲区装满后，再一起送到硬盘文件保存；当从硬盘文件读入数据时，则一次性从硬盘文件中将一批数据输入内存缓冲区，然后再从缓冲区逐个将数据送到数据区，如图 12-2 所示。

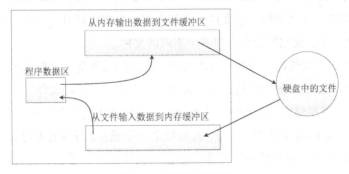

图 12-2　缓冲文件系统

12.2　文件类型指针

文件类型指针是"缓冲文件系统"的一个重要概念，实际上是一个指向结构体类型的指针变量。该结构体指针变量用于存放文件的有关信息，如文件名、状态、文件状态等。该结构体指针变量的数据类型由系统定义，名为 FILE。这个结构体类型 FILE 不需要用户自己定义，它是由系统事先定义在头文件 stdio.h 中的，其具体形式如下。

文件类型指针

```
struct _iobuf {
        char *_ptr;          //文件输入的下一个位置
        int _cnt;            //当前缓冲区的相对位置
        char *_base;         //指基础位置(即是文件的起始位置)
        int _flag;           //文件标志
        int _file;           //文件描述符 id
        int _charbuf;        //检查缓冲区状况,如果无缓冲区则不读取
        int _bufsiz;         //文件缓冲区大小
        char *_tmpfname;     //临时文件名
        };
typedef struct _iobuf FILE;
```

这里，FILE 为所定义的结构体类型名。该结构体类型在打开文件时由操作系统自动建立，因此用户使用文件时无须重复定义。但是在 C 语言程序中，凡是要对已打开的文件进行操作，都要借助于该结构体类型的指针变量实现，因此，在程序中就需要定义 FILE 型（文件类型）的指针变量，简称"文件类型指针"或"文件指针"。

文件类型指针变量定义的一般格式如下。

```
FILE   *文件类型指针变量名;
```

示例如下。

```
FILE   *p;
```

表示 p 被定义为文件类型的指针变量，借助 p 可以指向某一文件。

因为 FILE 类型的定义放在 stdio.h 头文件中，因此使用时要用#include 命令包含这个头文件。一个文件指针变量用来操作一个文件，如果在程序中需要同时处理多个文件，则需要定义多个 FILE 型指针变量，使它们分别指向多个不同的文件。

利用文件指针操作文件时要遵循一定的规则，在使用文件前应该先打开文件，使用结束后应关闭文件。使用文件的一般步骤是：打开文件→操作文件→关闭文件。

- 打开文件：就是建立用户程序与文件的联系，系统为文件开辟文件缓冲区。
- 操作文件：是指对文件的读、写、追加和定位等操作。读操作是指从文件中读出数据，即将文件中的数据读入计算机内存；写操作是指向文件中写入数据，即将计算机内存中的数据写入文件；追加操作是指将新的数据写到原有数据的后面；定位操作是指移动文件读写位置指针。
- 关闭文件：就是切断文件与程序的联系，将文件缓冲区中的内容写入硬盘，并释放文件缓冲区。

C 语言对文件的相关操作都是借助于系统提供的库函数实现的，为了使用这些函数，应在源程序的开头将 stdio.h 头文件包含进来。即在源文件开头写上如下代码。

```
#include<stdio.h>
```

下面将主要介绍这些函数的使用方法。

12.3 文件的打开与关闭

12.3.1 文件打开

文件的打开与关闭

在对文件进行读写等操作之前，先打开文件，以便把程序中要操作的文件与计算机内存中的实际数据联系起来。打开文件的操作是通过调用"fopen"库函数来实现的。

fopen 函数的调用方式如下。

```
文件指针名=fopen("文件名","文件操作方式");
```

其中，"文件指针名"必须是被定义为 FILE 类型的指针变量，"文件名"是被打开的文件的文件名，"文件操作方式"是指文件的类型和操作要求，如表 12-1 所示。

"文件名"和"文件操作方式"是 fopen 函数的两个参数。实际使用时，这两个参数都需要加双引号。

示例如下。

```
FILE *fp;
fp=fopen("c:\filel.dat","r");
```

第一条语句定义了一个 FILE 型文件指针 fp，第二条语句表示以只读方式打开 C 盘根目录下的文件"filel.dat"，并使文件指针 fp 指向该文件。这样 fp 就和"filel.dat"联系起来了。表 12-1 列出了文件的各种操作方式、含义及功能。

表 12-1　　　　　　　　　　　文件的操作方式、含义及功能

文件操作方式	含义	文件不存在时	文件存在时
r	以只读方式打开一个文本文件	返回错误标志	打开文件
w	以只写方式打开一个文本文件	建立新文件	打开文件，原文件内容清空
a	以追加方式打开一个文本文件	建立新文件	打开文件，只能向文件尾追加数据
r+	以读或写方式打开一个文本文件	返回错误标志	打开文件
w+	以读或写方式打开一个新的文本文件	建立新文件	打开文件，原文件内容清空
a+	以读或写方式打开一个文本文件	建立新文件	打开文件，可从文件中读取或往文件尾追加数据
rb	以只读方式打开一个二进制文件	返回错误标志	打开文件
wb	以只写方式打开一个二进制文件	建立新文件	打开文件，原文件内容清空
ab	以追加方式打开一个二进制文件	建立新文件	打开文件，只能向文件尾追加数据
rb+	以读或写方式打开一个二进制文件	返回错误标志	打开文件
wb+	以读或写方式建立一个新的二进制文件	建立新文件	打开文件，原文件内容清空
ab+	以读或写方式打开一个二进制文件	建立新文件	打开文件，可从文件中读取或往文件尾追加数据

说明以下几点。

（1）文件的操作方式由 r、w、a、+、t、b 这 6 个字符组成，各字符的含义如下。

r(read):读　　　　w(write):写　　　a (append)：追加　　　　+：读和写

t(text):文本文件，可忽略不写　　　b (banary)：二进制文件

（2）用 "r" 方式打开一个文件时，该文件必须存在，且只能读该文件的内容，不能改写该文件。如果指定的文件不存在，则返回空指针 NULL。

（3）用 "w" 方式打开一个文件时，只能向该文件写入。若打开的文件已经存在，则用写入的数据覆盖文件原有的内容；若文件不存在，则创建一个新文件。

（4）用 "a" 方式打开的文件，主要用于向其尾部添加（写）数据。此时，若该文件存在，打开后位置标记指向文件尾；若该文件不存在，则创建一个新文件。

（5）以 "r+" "w+" "a+" 方式打开的文件，既可以读数据，也可以写数据。只有文件存在时，才能使用 "r+" 方式。"w+" 方式用于新建文件（同 "w" 方式），操作时，应先向其写入数据，有了数据后，可读出该数据。而 "a+" 方式不同于 "w+" 方式，其所指文件内容不被删除，文件位置标记移至文件尾，可以添加，也可以读出数据。若文件不存在，则新建一个文件。

（6）打开文件操作不能正常执行时，fopen 函数返回一个空指针 NULL（其值为 0），表示出错。因此用 fopen 函数打开一个文件时，一般情况下都要对函数返回值进行检查，以判断文件是否正常打开。

常见的程序形式如下。

```
FILE  *fp;
fp= fopen("文件名","文件使用方式");
if(fp==NULL)
{
    printf("file can't opened"\n);
    exit(0);
}
```

这段程序的作用是检查 fopen 函数的返回值，当返回值是 NULL 时，显示出文件不能正确打开的信息，再用 exit 函数结束程序运行并返回到操作系统。

exit 函数的功能是关闭所有已经打开的文件，结束程序运行并返回到操作系统，同时把括号中的值传递给操作系统。括号中的值若为 0，则认为程序正常结束；若为非 0，则表示程序出错后退出。该函数的定义在 process.h 头文件中。

12.3.2　文件关闭

在程序中，文件处理完毕后必须要关闭，否则可能造成文件的数据丢失等问题。在 C 语言中，关闭文件的操作是通过调用 "fclose" 库函数来实现的。

fclose 函数的调用方式如下。

```
fclose(文件指针):
```

示例如下。

```
fclose(fp);
```

该语句的功能是关闭文件指针 fp 所指向的文件，让 fp 解除与所指向的文件的联系。即文件被关闭后，fp 不再指向该文件。此后，fp 可以指向其他文件。

要养成及时关闭文件的良好习惯，因为不及时关闭文件可能造成数据丢失等问题。另外，fclose 函数调用后有一个返回值，正常完成关闭文件操作时，fclose 函数的返回值为 0，如果返回非 0 值则表示有错误发生。

12.4　文件的读写

12.4.1　文件读写的含义

1．文件的读操作

文件的读操作就是将一个已经打开的文件的内容读取出来。通常是在文件的当前位置处读出部分数据，并将其赋给一个对应的变量，如图 12-3 所示。

文件读写的含义

文件头　　读写当前位置　　　　文件尾

图 12-3　文件读写示意图

注意

对于已打开的文件，除了有一个文件指针与其联系外，还有一个表示该文件当前位置的标记，即文件的位置标记。文件刚打开时，其位置标记指向文件的开头。当文件位置标记指向文件末尾时，表示文件结束。当进行读操作时，总是从文件位置标记所指位置开始，去读后面的数据，然后文件位置标记移到尚未读取的位置之前，以为下次的读写操作做准备。读操作只会影响文件的位置标记，而不会修改文件的内容。

另外，要正确读取数据，文件位置标记不能指向文件的末尾，同时空文件也不能进行读操作。这是因为在文件的所有有效字符后有一个文件尾标志。当读完全部字符后，文件读写位置标记就指向最后一个字符的后面，即指向了文件尾标志。如果再执行读取操作，则会读出"EOF"，文件尾标志用标识符 EOF（end of file）表示，EOF 在 stdio.h 头文件中被定义为-1。

2．文件的写操作

文件的写操作就是将一些数据写入某个文件。文件可以是一个已经存在的文件，也可以是一个新建的文件。每次写操作都是将某些数据从文件的位置标记处开始写入，写操作完毕后，文件位置标记自动移到下一个写入位置。写操作不仅会影响文件的位置标记，还会修改文件的内容。

12.4.2 文件读写函数

1. 字符读写函数

（1）读字符函数 fgetc。

fgetc 函数的调用格式如下。

```
字符变量=fgetc(文件指针);
```

功能：从文件指针指向的文件中读取一个字符。

其中，文件指针所指文件的打开方式必须是 "r" 或 "r+"。

示例如下。

```
ch=fgetc(fp);
```

表示从 fp 所指的文件中读取一个字符，赋给字符变量 ch。若读取字符时文件已经结束或出错，将文件结束符 EOF 赋给 ch。fp 为 FILE 类型的文件指针变量，用来指向要读取的文件，它由 fopen 函数赋初值。

（2）写字符函数 fputc。

fputc 函数的调用格式如下。

```
fputc(字符,文件指针);
```

功能：把一个字符写入文件指针指向的文件。

其中，文件指针所指文件的打开方式必须是 "w"、"w+"、"a" 或 "a+"。

示例如下。

```
fputc('b',fp);
```

表示把字符常量 b 写入 fp 所指的文件。每写入一个字符，文件内部的位置指针向后移动一个字节。

fputc 函数有一个返回值，若写成功，则返回这个写入的字符；否则返回 EOF。

例：从键盘输入若干字符，逐个把它们写到文件中去，直到输入回车换行符 "\n" 为止，然后再输出文件中的这些字符。

```
/*源文件: demo12_1.c*/
#include <stdio.h>
#include <process.h>
void main()
{
    FILE *fp;
    char ch;
    /*以写方式打开文件*/
    if(( fp=fopen("example1.txt","w") )==NULL)
    {
        printf("Can't open the file!\n");
        exit(0);
    }
    /*向文件写入若干字符*/
    while((ch=getchar())!='\n')
    {
        fputc(ch,fp);
```

```
    }
    /*关闭文件*/
    fclose(fp);
    /*以读方式打开文件*/
    if((fp=fopen("example1.txt","r"))==NULL)
    {
        printf("Can't open the file!\n");
        exit(0);
    }
    ch=fgetc(fp);/*从文件中读取第一个字符*/
    while(ch!=EOF)
    {
        putchar(ch);                      /*将从文件中读取的字符显示在屏幕上*/
        ch=fgetc(fp);                     /*从文件中读取字符*/
    }
    fclose(fp);                           /*关闭文件*/
}
```

运行结果如下所示。

```
abcde12345✓
abcde12345
```

程序运行的同时会在源程序所在文件夹生成一个 example1.txt 文件，其内容就是运行时所输入的若干字符 "abcde12345"。

2. 字符串读写函数

（1）读字符串函数 fgets。

fgets 函数的调用格式如下。

```
fgets(字符数组名, n, 文件指针);
```

功能：从文件指针指向的文件中读取 $n-1$ 个字符，放到字符数组中，并在读取的最后一个字符后加字符串结束标志 "\0"；若 $n-1$ 个字符读入完成之前遇到换行符 "\n" 或文件结束符 EOF，则该函数结束。

该函数的返回值：正常时返回字符数组的首地址；出错或读到文件尾标志时，返回 NULL。

示例如下。

```
fgets(str,n,fp);
```

表示从 fp 所指的文件中读取 $n-1$ 个字符，并送入字符数组 str。

注意

fgets 函数读取的字符个数不会超过 $n-1$，因为字符串尾部自动追加 "\0" 字符。

（2）写字符串函数 fputs。

fputs 函数的调用格式如下。

```
fputs(字符串, 文件指针);
```

功能：把一个字符串写到文件指针所指的文件中。

该函数的返回值：正常时返回写入的最后一个字符，出错时返回 EOF。

示例如下。

```
fputs("hello",fp);
```

表示把字符串"hello"写到 fp 所指的文件中。

注意　fputs 函数在将字符串写入文件时，自动舍弃'\0'字符。

例： 向文件 example1.txt 中追加一个字符串，然后输出文件内容。

```
/*源文件: demo12_2.c*/
#include <stdio.h>
#include <process.h>
main()
{
    FILE *fp;
    char str[20],str2[100];
    if((fp=fopen("example1.txt","a+"))==NULL)/*以追加或读取方式打开文件*/
    {
        printf("Can't open the file!\n");
        exit(0);
    }
    printf("输入一个字符串:");
    scanf("%s",str);               /*从键盘输入一个字符串放入 str 数组*/
    fputs(str,fp);                 /*将 str 数组中的字符串写入文件*/
    rewind(fp);                    /*rewind 为文件定位函数，功能是重新将文件位置指针定位到文件头*/
    printf("从 example1 文件中读出的字符串为: \n");
    fgets(str2,100,fp);            /*从文件中读取字符串送到内存 str2 数组*/
    puts(str2);                    /*将 str2 数组中的字符串输出到屏幕显示*/
    fclose(fp);
}
```

运行结果如下所示。

```
输入一个字符串:hello↙
从 example1 文件中读出的字符串为:
abcde12345hello
```

假设 example1.txt 文件中原有内容为"abcde12345"，则该程序执行时由于是以追加方式打开该文件的，所以新输入的字符串"hello"将会追加在 example1.txt 文件的尾部。

3. 格式化读写函数

格式化输入函数 fscanf 和格式化输出函数 fprintf 跟前面常用的 scanf 和 printf 函数相似，都是格式化读写函数。它们的不同点在于读或写的对象不一样，前者读或写的对象是文件，后者读或写的对象是终端（键盘、命令窗口）。因此，fscanf 和 fprintf 函数的参数多了一个文件指针，其他参数与 scanf 和 printf 函数相同。

格式化读写函数

（1）格式化输入函数 fscanf。

fscanf 的调用格式如下。

```
fscanf(文件指针, 格式控制字符串, 输入项地址表);
```

功能：从文件指针所指的文件中，按照格式控制字符串指定的输入格式给输入项地址表赋值。

该函数的返回值：操作成功，返回输入的个数；出错或到文件尾，返回 EOF。

示例如下。

```
fscanf(fp,"%d,%f", &a,&b);
```

表示从 fp 所指向的文件中，按照 "%d,%f" 格式分别为变量 a、b 赋值。若文件中有 56 和 68.5，则 56 送到变量 a 中，68.5 送到变量 b 中。

（2）格式化输出函数 fprintf。

fprintf 的调用格式如下。

```
fprintf(文件指针, 格式控制字符串, 输出项表);
```

功能：将输出项表中各表达式的值，按照格式控制字符串指定的格式写到（或输出到）文件指针所指的文件中。

该函数的返回值：操作成功，返回输出的个数；出错或到文件尾，返回 EOF。

示例如下。

```
fprintf (fp, "%d, %6.1f", a,b);
```

表示将 a、b 变量的值按 "%d,%6.1f" 格式输出到 fp 指定的文件中。

例：从键盘依次输入一个整数和一个字符串，写到 exampl1e2.dat 二进制文件中。

```c
/*源文件: demo12_3.c*/
#include<stdio.h>
#include<process.h>
main()
{
    FILE *fp;
    int i,i2;
    char str[50],str2[50];
    if((fp=fopen("example2.dat","w+"))==NULL) /*以读或写方式打开文件*/
    {
        printf("Can't open the file!\n");
        exit(0);
    }
    printf("输入一个整数:\n");
    scanf("%d",&i);
    printf("输入一个字符串:\n");
    scanf("%s" ,str);
    fprintf(fp,"%d,%s",i,str); /*将两个数据输出到 fp 所指的 example2.dat 文件中*/
    rewind(fp);
    fscanf(fp, "%d,%s" ,&i2,str2);/*从文件中读取数据赋值给变量 i2 和数组 str2*/
    printf("%d\t%s",i2,str2);/*将内存中的数据输出显示在屏幕上*/
    fclose(fp);
}
```

运行结果如下所示。

输入一个整数:

```
36✓
输入一个字符串：
hello
36      hello
```

4. 块读写函数

在编程时经常需要读写由各种类型数据组成的数据块，此时可以用 fread 和 fwrite 函数来实现数据块的读写。

块读写函数

（1）读数据块函数 fread。

fread 的调用格式如下。

```
fread(buf,size, n, fp);
```

其中，buf 是一个指针，用来指向数据块在内存中的首地址；size 表示要读取的每个数据项的字节数；n 是要读取的数据项的个数；fp 为文件指针。

功能：从文件指针所指的文件中读取 n 个数据项，每个数据项为 size 字节，将它们读到 buf 所指向的内存中。

该函数的返回值：操作成功，返回实际读取的数据项的个数；不成功，则返回 0。

（2）写数据块函数 fwrite。

fwrite 的调用格式如下。

```
fwrite(buf,size,n,fp);
```

其中，buf 是一个指针，用来指向数据块在内存中的首地址；size 表示一个数据项的字节数；n 是要读取的数据项的个数；fp 为文件指针。

功能：将 buf 所指向的内存地址中的 n 个数据项（每个数据项有 size 字节）写到 fp 所指向的文件中。

该函数的返回值：操作成功，返回实际写入的数据项的个数；不成功，则返回 0。

另外，由于 fread 和 fwrite 实际上是以二进制处理数据的，所以在程序中相应的文件应以"b"方式打开。

例：将 3 个学生的成绩记录写入名为 example3.txt 的文件中，再将文件内容显示在屏幕上。

```
/*源文件: demo12_4.c*/
#include<stdio.h>
#include<process.h>
#define N 3
struct stu
{
    char name[10];
    char stuID[6];
    int  score;
};
void main()
{
    FILE *fp;
    struct stu s[N],t[N];
    int i;
    if((fp=fopen("example3.txt","wb+"))==NULL)
    {
```

```
        printf("Can't open the file!\n");
        exit(0);
    }
    printf("\n 输入:姓名、学号和成绩\n");
    for(i=0;i<N;i++)
    {
        scanf("%s%s%d",s[i].name,s[i].stuID,&s[i].score);/*输入学生成绩*/
        fwrite(&s[i],sizeof(struct stu),1,fp); /*将学生的成绩记录写入文件中*/
        printf("\n");
    }
    rewind(fp);
    printf("\n 输出文件内容:\n");
    for(i=0;i<N;i++)
    {
        fread(&t[i],sizeof(struct stu),1,fp);/*从文件中读取记录并存入t[i]*/
        printf("%10s%6s%5d\n",t[i].name,t[i].stuID,t[i].score);
    }
    fclose(fp);/*关闭文件*/
}
```

运行结果如下所示。

```
输入:姓名、学号和成绩
Liming 001 89
Liufei 002 97
Zhaoli 003 100
输出文件内容:
Liming 001 89
Liufei 002 97
Zhaoli 003 100
```

12.5 文件的定位

前面介绍的对文件的读、写方式都是顺序读写方式,即对文件的读写只能从头开始,按顺序读写各个数据。每读写完一个数据后,文件的位置标记自动指向下一个位置。在实际问题中,常常要求读写文件的某一指定位置,即移动文件位置标记到所需要的读写位置后再进行读写,把这种读写称为“定位读写”。

文件的定位

实现定位读写的关键是按要求移动文件位置标记,实现该功能的函数是 fseek。

1. fseek 函数

调用格式如下。

```
fseek(文件指针,位移量,起始点);
```

功能:将文件位置标记按字节移动到指定的位置。

说明以下两点。

(1)“起始点”指移动位置的基准点,用数字或符号常量代表:0 或 SEEK_SET 代表文件开始；1 或 SEEK_CUR 代表文件当前位置；2 或 SEEK_END 代表文件末尾。

（2）"位移量"是指以"起始点"为基准前后移动的字节数。位移量为正值时，向文件末尾方向移动；位移量为负值时，向文件开始方向移动。因为 C 语言标准要求位移量是 long 型数据，所以位移量数字末尾要加一个字母 L。

示例如下。

```
fseek(fp, 128L,0);/*表示从文件头向后移动 128 个字节*/
fseek(fp, -32L,2);/*表示从文件尾向前移动 32 个字节*/
```

2. rewind 函数

调用格式如下。

```
rewind(文件指针);
```

功能：使文件位置标记重新返回文件的开头。此函数无返回值。

示例如下。

```
rewind(fp);
```

表示将 fp 所指向的文件的位置标记移动到文件开头。

3. feof 函数

调用格式如下。

```
feof(文件指针);
```

功能：检测文件是否结束，如果是，返回 1；否则返回 0。

示例如下。

```
if(feof(fp))
printf("We have reached the end of file\n");
```

例：将文件 example3.txt 中的第二个学生的数据读取出来，显示在屏幕上。

```
/*源文件：demo12_5.c*/
#include<stdio.h>
#include<process.h>
#define N 3
struct stu
{
    char name[10];
    char stuID[6];
    int score;
};
main()
{
    FILE *fp;
    struct stu d;
    if((fp=fopen("example3.txt","rb"))==NULL)
    {
        printf("Can't open the file!\n");
        exit(0);
    }
    fseek(fp,sizeof(struct stu),0);      /*将文件位置指针定位到第二条记录*/
    fread(&d,sizeof(struct stu),1,fp);   /*从文件读取第二条记录到变量 d*/
    printf("%10s%6s%5d\n",d.name,d.stuID,d.score);
```

```
    fclose(fp);                        /*关闭文件*/
}
```

运行结果如下所示。

```
Liufei 002 97
```

12.6　习题

12.6.1　文件的概念及文件类型指针

1. 下列关于 C 语言文件的叙述中正确的是（　　　）。

　　A. 文件由一系列数据依次排列组成，只能构成二进制文件

　　B. 文件由结构序列组成，可以构成二进制文件或文本文件

　　C. 文件由数据序列组成，可以构成二进制文件或文本文件

　　D. 文件由字符序列组成，其类型只能是文本文件

2. 下列叙述中正确的是（　　　）。

　　A. 当对文件的读（写）操作完成之后，必须将它关闭，否则可能导致数据丢失

　　B. 打开一个已存在的文件并进行写操作后，原有文件中的全部数据必定会被覆盖

　　C. 在一个程序中对文件进行写操作后，必须先关闭该文件，然后再打开才能读到第一
　　　　个数据

　　D. C 语言中的文件是流式文件，因此只能按顺序存储数据

3. 定义 FILE *fp;，则文件指针 fp 指向的是（　　　）。

　　A. 文件在磁盘上的读写位置　　　　　　B. 文件在缓冲区上的读写位置

　　C. 整个磁盘文件　　　　　　　　　　　D. 文件类型结构体

12.6.2　文件的打开与关闭

1. 设文件指针 fp 已定义，执行语句 "fp=fopen("file","w");" 后，下列针对文本文件 file 操作叙述的选项中正确的是（　　　）。

　　A. 只能写不能读　　　　　　　　　　　B. 写操作结束后可以从头开始读

　　C. 可以在原有内容后追加写　　　　　　D. 可以随意读和写

2. 若以 "a+" 方式打开一个已存在的文件，则以下叙述正确的是（　　　）。

　　A. 文件打开时，原有文件内容不被删除，位置指针移到文件末尾，可做添加和读操作

　　B. 文件打开时，原有文件内容不被删除，位置指针移到文件开头，可做重写和读操作

　　C. 文件打开时，原有文件内容被删除，只可做写操作

　　D. 以上各种说法都不正确

3. 函数 fgetc 的作用是从指定文件读入一个字符，该文件的打开方式必须是（　　　）。

　　A. 只写　　　　　　　　　　　　　　　B. 追加

C. 读或读写 　　　　　　　　　　D. 答案 B 和 C 都正确

4. 如果二进制文件 a.dat 已经存在，现在要求打开该文件进行读、写数据，应以（　　　）方式打开。

A. "r" 　　　B. "rb" 　　　C. "rb+" 　　　D. "rwb"

12.6.3 文件的读写

1. 以下程序的运行结果是（　　　）。

```
#include<stdio.h>
main()
{
    FILE *fp; int a[10]={1,2,3},i,n;
    fp=fopen("d1.dat","w");
    for (i=0;i<3;i++)
    fprintf(fp,"%d",a[i]);
    fprintf(fp,"\n");
    fclose(fp);
    fp=fopen("d1.dat","r");
    fscanf(fp,"%d",&n);
    fclose(fp);
    printf("%d\n",n);
}
```

A. 321 　　　B. 12300 　　　C. 1 　　　D. 123

2. 若文本文件 filea.txt 中原有内容为 hello，则运行以下程序后，文件 filea.txt 中的内容为（　　　）。

```
#include<stdio.h>
main()
{
    FILE *f;
    f=fopen("filea.txt","w");
    fprintf(f,"abc");
    fclose(f);
}
```

A. abclo 　　　B. abc 　　　C. helloabc 　　　D. abchello

3. 以下程序执行后，abc.dat 文件的内容是（　　　）。

```
#include<stdio.h>
main()
{
    FILE *pf;
    char*s1="China",*s2="Beijing";
    pf= fopen("abc.dat","wb+");
    fwrite(s2,7,1,pf);
    rewind(pf);/*文件位置指针回到文件开头*/
    fwrite(s1,5,1,pf);
    fclose(pf);
}
```

A. China 　　　B. Chinang 　　　C. ChinaBeijing 　　　D. BeijingChina

4. 以下程序的运行结果是（   ）。

```
#include<stdio.h>
main()
{
    FILE *fp; char str[10];
    fp=fopen("myfile.dat","w");
    fputs("abc",fp);
    fclose(fp);
    fp=fopen("myfile.dat","a+");
    fprintf(fp,"%d",28);
    rewind(fp);
    fscanf(fp,"%s",str);
    puts(str);
    fclose(fp);
}
```

A. abc   B. 28c

C. abc28   D. 因类型不一致而出错

12.6.4　文件的定位

1. 若读文件时还未读到文件末尾，feof()函数的返回值是（   ）。

A. -1   B. 0   C. 1   D. 非 0

2. 直接使文件指针重新定位到文件读写的首地址的函数是（   ）。

A. ftell()函数   B. fseek()函数   C. rewind()函数   D. ferror()函数

第13章
全国计算机等级考试（NCRE）简介

全国计算机等级考试（National Computer Rank Examination，NCRE），是经原国家教育委员会（现教育部）批准，由教育部考试中心主办，面向社会，用于考查应试人员计算机应用知识与技能的全国性计算机水平考试。

报名者不受年龄、职业、学历等背景的限制，均可根据自己的学习情况和实际能力选考相应的级别和科目（四级证书面向已持有三级相关证书的考生）。考生可按照省级承办机构公布的流程在网上或考点进行报名。

每次考试具体报名时间由各省级承办机构规定，可登录各省级承办机构网站查询。

NCRE 实行百分制计分，但以等第形式通知考生成绩。成绩等第分为"优秀""良好""及格""不及格"4 等。90～100 分为"优秀"，80～89 分为"良好"，60～79 分为"及格"，0～59 分为"不及格"。

考试成绩优秀者，在证书上注明"优秀"字样；考试成绩良好者，在证书上注明"良好"字样；考试成绩及格者，在证书上注明"合格"字样。

13.1　考试大纲基本要求

（1）熟悉 Visual C++2010 Express 集成开发环境。

（2）掌握结构化程序设计的方法，具有良好的程序设计风格。

（3）掌握程序设计中简单的数据结构和算法，并能阅读简单的程序。

（4）在 Visual C++2010 Express 集成环境下，能够编写简单的 C 语言程序，并具有基本的纠错和调试程序的能力。

考试大纲基本要求

13.2　考试内容

（1）C 语言程序的结构。

（2）数据类型及其运算。

（3）基本语句。

（4）选择结构程序设计。

（5）循环结构程序设计。

（6）数组的定义和引用。

（7）函数。

（8）编译预处理。

（9）指针。

（10）结构体（即"结构"）与共同体（即"联合"）。

（11）位运算。

（12）文件操作。

13.3　考试方式

上机考试，考试时长 120 分钟，满分 100 分。

1.　题型及分值

- 单项选择题 40 分（含公共基础知识部分 10 分）。

- 操作题 60 分，包括程序填空题（18 分）、程序修改题（18 分）及程序设计题（24 分）。

2.　考试环境

- 操作系统：中文版 Windows 7。

- 开发环境：Microsoft Visual C++2010 学习版。

提示

最新内容请参考全国计算机等级考试官网"http://ncre.neea.edu.cn/"。

第14章
考试流程

考试过程分为登录、答题和交卷 3 个阶段。

14.1　登录

在实际答题之前，需要进行考试系统的登录。一方面，这是考生姓名的记录凭据，系统要验证考生的"合法"身份；另一方面，考试系统也需要为每一位考生随机抽题，生成一份二级 C 语言考试的试题。

考试流程

14.1.1　启动考试系统

双击桌面上的"NCRE 考试系统"快捷方式，启动考试系统，如图 14-1 所示。

图 14-1　"考生登录"界面

14.1.2　准考证号验证

在"考生登录"界面中输入准考证号，如果输入的准考证号存在，将弹出"考生信息确认"

界面，要求考生确认准考证号、姓名和证件号。如果准考证号错误，则单击"重输准考证号"
按钮，如图 14-2 所示。

图 14-2 "考生信息确认"界面

14.1.3 登录成功

当考试系统抽取试题成功后，屏幕上会显示二级 C 语言程序设计的考生须知，考生须勾选
"已阅读"复选框，然后单击"开始考试并计时"按钮，如图 14-3 所示。

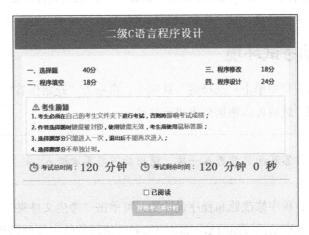

图 14-3 "考生须知"界面

14.2 答题

14.2.1 试题内容查阅窗口

登录成功后，考试系统将自动在屏幕中间生成试题内容查阅窗口，至此，系统已为考生抽

取了一套完整的试题，如图 14-4 所示。单击其中的"选择题""程序填空""程序修改"或"程序设计"选项卡，可以分别查看各题型的题目要求。

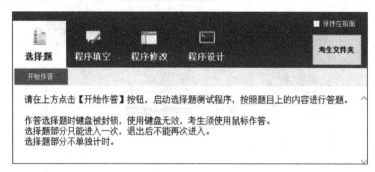

图 14-4 "试题内容查阅窗口"界面

14.2.2 考试状态信息条

屏幕中出现试题内容查阅窗口的同时，屏幕顶部显示考试状态信息条，其中包括如下内容：

- 考生的准考证号、姓名、考试剩余时间；
- 可以随时显示或隐藏试题内容查阅窗口的按钮；
- 退出考试系统进行交卷的按钮。

"隐藏试题"字符表示屏幕中间的考试窗口正在显示，当用鼠标单击"隐藏试题"字符时，屏幕中间的考试窗口就被隐藏，且"隐藏试题"字符变成"显示试题"字符。

14.2.3 启动考试环境

在试题内容查阅窗口中单击"选择题"选项卡，再单击"开始作答"按钮，系统将自动进入作答选择题的界面，然后可以根据要求进行答题。

注意   选择题作答界面只能进入一次，退出后不能再次进入。

对于程序填空题、程序修改题和程序设计题，可单击"考生文件夹"按钮，在打开的文件夹中双击相应文件，在启动的 Visual C++2010 Express 应用软件中按照题目要求进行操作。

14.2.4 考生文件夹

考生文件夹是考生存放答题结果的唯一位置。考生在考试过程中所操作的文件和文件夹绝对不能脱离考生文件夹，同时绝对不能随意删除此文件夹中的任何与考试要求无关的文件及文件夹，否则会影响考试成绩。考生文件夹的命名是系统默认的，一般为准考证号前 2 位和后 6 位。

如图 14-5 所示，blank1 对应程序填空题，modi1 对应程序修改题，prog1 对应程序设计题。

```
KSWJJ ＞ 24000001

 名称

    📄 blank1
    📄 modi1
    📄 prog1
```

图 14-5　考生文件夹界面

14.3　交卷

考试过程中，系统会为考生计算剩余考试时间，在剩余 5 分钟时，系统会显示一个提示信息，提示考生注意存盘并准备交卷。时间用完，系统自动结束考试，强制性交卷。

如果考生要提前结束考试并交卷，则在屏幕顶部考试状态信息条中单击"交卷"按钮，考试系统将弹出"作答进度"窗口，其中会显示已作答题量和未作答题量。此时考生如果单击"确认"按钮，系统会再次显示"确认"对话框，如果仍选择"确定"，则退出考试系统进行交卷处理，单击"取消"按钮则返回考试界面，继续进行考试。

如果确定进行交卷处理，系统首先锁住屏幕，并显示"正在结束考试"；当系统完成交卷处理时，在屏幕上显示"考试结束，请监考老师输入结束密码；"，这时只要输入正确的结束密码就可以结束考试。

注意

只有监考人员才能输入结束密码。

第 15 章
通过真题了解评分标准及注意事项

全国计算机等级考试二级 C 语言考试满分为 100 分，共有 4 种题型，即选择题（40 小题，共 40 分）、程序填空题（1 小题，18 分）、程序修改题（1 小题，18 分）和程序设计题（1 小题，24 分）。

15.1 选择题

作答选择题时键盘被封锁，使用键盘无效，选择题作答界面只能进入一次，退出后不能再次进入。这样设置的原因应该是防止考生通过 Visual C++ 2010 Express 验证选择题的答案。

选择题

15.1.1 公共基础知识（共 10 分）

选择题 1～10 题为公共基础知识，包括数据结构、程序设计基础、软件工程基础和数据库设计基础，这里分别列举如下真题。

1. 下列叙述中正确的是（　　）。
   A. 链表可以是线性结构的，也可以是非线性结构的
   B. 链表只能是非线性结构的
   C. 快速排序也适用于线性链表
   D. 对分查找也适用于有序链表
2. 下面属于"对象"成分之一的是（　　）。
   A. 封装　　　　　B. 规则　　　　　C. 属性　　　　　D. 继承
3. 下面不属于软件工程三要素的是（　　）。
   A. 环境　　　　　B. 工具　　　　　C. 过程　　　　　D. 方法
4. 实体电影和实体演员之间的联系是（　　）。
   A. 一对一　　　　B. 多对多　　　　C. 多对一　　　　D. 一对多

15.1.2 C 语言基础知识（共 30 分）

选择题 11～40 题为 C 语言基础知识，列举真题如下。

11. 若有定义：int a=3,b;，则执行语句 "b=(a++,a++,a++);" 后，变量 a 和 b 的值分别是（　　）。

　　A. 6,5　　　　　　B. 8,7　　　　　　C. 6,3　　　　　　D. 5,6

12. 若定义：int a=100;，则语句 "printf("%d%d%d\n",sizeof("a"),sizeof(a),sizeof(3.14));" 的输出是（　　）。

　　A. 328　　　　　　B. 248　　　　　　C. 238　　　　　　D. 421

15.2　程序操作题

程序操作题包括程序填空题，程序修改题和程序设计题。下面分别介绍这 3 种题型的评分标准及注意事项。

15.2.1　程序填空题（共 18 分）

程序填空题

使用 VC++2010 打开考生文件夹下 blank1 中的解决方案 blank1.sln。此解决方案的项目中包含一个源文件 blank1.c。函数 fun 根据所给 n 名学生的成绩，计算出所有学生的平均成绩，把高于平均成绩的学生成绩求平均值并返回。

例如，若有成绩为 50、60、70、80、90、100、55、65、75、85、95、99，则运行结果应为 91.5。

请在程序的下画线处填写正确的内容并把下画线删除，使程序得出正确的结果。

注意

源程序存放在文件 blank1.c 中，不得增行或删行，也不得更改程序的结构。

```
#include <stdio.h>
#pragma warning (disable:4996)
double  fun(double x[], int n)
{   int i, k=0;
    double avg=0.0, sum=0.0;
    for (i=0; i<n; i++)
        avg += x[i];
/*********************found********************/
    avg /= _____(1)_____;
    for (i=0; i<n; i++)
        if (x[i] > avg)
        {
/*********************found********************/
            _____(2)_____  += x[i];
            k++;
        }
/*********************found********************/
    return _____(3)_____;
}
```

```
main( )
{   double score[12] ={50,60,70,80,90,100,55,65,75,85,95,99};
    double aa;
    aa= fun(score,12);
    printf("%f\n",aa);
}
```

15.2.2 程序修改题（共 18 分）

使用 VC++2010 打开考生文件夹下 modi1 中的解决方案 modi1.sln。此解决方案的项目中包含一个源文件 modi1.c。函数 fun 将字符串 s1 和 s2 交叉合并形成新字符串 s3，合并方法为：先取 s1 的第 1 个字符存入 s3，再取 s2 的第 1 个字符存入 s3，以后依次类推；当 s1 和 s2 的长度不等时，较长字符串多出的字符按顺序放在新生成的 s3 后。

例如，当 s1 为 "123456789"，s2 为 "abcdefghijk" 时，输出的结果应该是 "1a2b3c4d5e6f7g8h9ijk"。

请改正函数 fun 中指定位置的错误，使它能得出正确的结果。

注意
不要改动 main 函数，不得增行或删行，也不得更改程序的结构。

```
#include <stdio.h>
#include <string.h>
#pragma warning (disable:4996)
void fun( char *s1, char *s2, char *s3)
{   int i,j;
/***********************found***********************/
    for(i = 0, j = 0; (s1[i] != '\0') && (s2[i] != '\0'); i++, j = j + 1)
    {   s3[j] = s1[i];
        s3[j+1] = s2[i];
    }
    if (s2[i] != '\0')
    {   for(; s2[i] != '\0'; i++, j++)
/***********************found***********************/
            s3[i] = s2[j];
    }
    else if (s1[i] != '\0')
    {   for(; s1[i] != '\0'; i++, j++)
            s3[j] = s1[i];
    }
/***********************found***********************/
    s3[j-1] = '\0';
}
void main()
{   char s1[128], s2[128], s3[255];
    printf("Please input string1:");
    gets(s1);
    printf("Please input string2:");
    gets(s2);
    fun(s1,s2,s3);
    printf("string:%s\n", s3);
}
```

15.2.3　程序设计题（共 24 分）

程序设计题

使用 VC++2010 打开考生文件夹下 prog1 中的解决方案 prog1.sln。此解决方案的项目中包含一个源文件 prog1.c。请编写函数 fun，其功能是：求 n（n<10000）以内的所有四叶玫瑰数并逐个存放到 result 所指的数组中，四叶玫瑰数的个数作为函数值返回。

如果一个 4 位正整数等于其各个数字的 4 次方之和，则称该数为四叶玫瑰数。

例如，$1634=1^4+6^4+3^4+4^4$，因此 1634 就是一个四叶玫瑰数。

部分源程序存在文件 prog1.c 中。

请勿改动主函数 main 和其他函数中的任何内容，仅在函数 fun 的花括号中填入所编写的若干语句。

```
#include<stdio.h>
#pragma warning (disable:4996)
int fun(int n, int result[])
{



}
main( )
{
    int result[10], n, i;
    void NONO(int result[], int n);
    n = fun(9999, result);
    for(i=0; i<n; i++) printf("%d\n", result[i]);
    NONO(result, n);
}

void NONO(int result[], int n)
{/* 本函数用于打开文件，输入数据，调用函数，输出数据，关闭文件。 */
    FILE *fp ;
    int i;

    fp = fopen("out.dat","w") ;
    fprintf(fp, "%d\n", n);
    for(i=0; i<n; i++) fprintf(fp, "%d\n", result[i]);
    fclose(fp);
}
```

做完程序设计题请考生一定要运行，因为只有运行程序才会生成一个扩展名为 ".dat" 的结果文件，将在结果文件中保存的数据和评分程序中提供的数据进行对比，得到本题的分数。如果考生做完本题不运行，本题就只能得 0 分了。

第16章
公共基础知识

这部分内容以选择题形式考核，包括数据结构、程序设计基础、软件工程基础和数据库设计基础。全国计算机等级二级 C 语言考试中出现在选择题第 1～10 题。

16.1 数据结构

16.1.1 算法

1. 算法的基本概念
算法是指解题方案的准确而完整的描述。

2. 算法复杂度
算法复杂度分为空间复杂度和时间复杂度。

算法

16.1.2 数据结构的基本概念

1. 数据结构的定义
在任何问题中，数据元素都不是孤立存在的，在它们之间存在着某种关系，这种数据元素相互之间的关系称为"结构"。

数据结构的基本概念

2. 线性结构与非线性结构
如果一个非空的数据结构满足下列两个条件：①有且只有一个根结点；②每一个结点最多有一个前件，也最多有一个后件。则称该数据结构为线性结构，线性结构又称线性表。如果一个数据结构不是线性结构的，则称为非线性结构。

16.1.3 线性表及其顺序存储结构

1. 线性表的基本概念
线性表是一种常用的数据结构。

在实际应用中，线性表都是以栈、队列、字符串、数组等特殊线性表的形式来使用的。

线性表及其顺序存储结构

2. 线性表的顺序存储结构
线性表的顺序存储指的是用一组地址连续的存储单元依次存储线性表的数据元素。

16.1.4　栈和队列

1．栈的定义与操作

栈（Stack）是一种特殊的线性表。栈是只能在表的一端进行插入和删除运算的线性表，通常称插入、删除的这一端为栈顶（Top），另一端为栈底（Bottom）。

2．队列的定义与操作

队列（Queue）是只允许在一端删除、在另一端插入的线性表，允许删除的一端叫作队头（front），允许插入的一端叫作队尾（rear）。

栈和队列

栈和队列真题

16.1.5　线性链表

对于大的线性表，特别是元素变动频繁的大线性表，采用的是链式存储结构。

1．线性链表

在线性链表中，用一个专门的指针 HEAD 指向线性链表中第一个数据元素的结点。线性表中最后一个元素没有后件，因此，线性链表中最后一个结点的指针域为空（用 NULL 或 0 表示），表示链表终止。

2．带链的栈

栈也是线性表，也可以采用链式存储结构。

3．带链的队列

与栈类似，队列也是线性表，也可以采用链式存储结构。

线性链表

16.1.6　树与二叉树

1．树的基本概念

树是一种非线性的数据结构。

在树的结构中，每一个结点只有一个前件，称为"父结点"；没有前件的结点只有一个，称为树的根结点，简称为"树的根"。

2．二叉树的基本概念

将一般树加上如下两个限制条件就得到了二叉树。

（1）每个结点最多只有两棵子树，即二叉树中结点的度只能为 0、1、2。

（2）子树有左右顺序之分，不能颠倒。

3．满二叉树与完全二叉树

所谓"满二叉树"是指这样的二叉树：除最后一层外，每一层上的所有结点都有两个子结点。这就是说，在满二叉树中，每一层上的结点数都达到最大值。

所谓"完全二叉树"是指这样的二叉树：除最后一层外，每一层上的结点数均达到最大值；在最后一层上只缺少右边的若干结点。通俗地说，一棵完全二叉树一定是由一棵满二叉树从右至左、从下至上，挨个删除结点所得到的；如果跳着删除，则得到的不是完全

树的概念

二叉树的基本概念

满二叉树与完全
二叉树

二叉树。

4. 二叉树的遍历

二叉树的遍历，是指不重复地访问二叉树中的所有结点。

二叉树的遍历

16.1.7　查找与排序

查找是指在一个给定的数据结构中查找某个指定的元素。通常，根据不同的数据结构，应采用不同的查找方法。

1. 顺序查找

顺序查找又称"顺序搜索"。

2. 二分法查找

设有序线性表的长度为 n，被查元素为 x，则二分法查找的方法如下。

查找

二分法查找

将 x 与线性表的中间项进行比较：

若中间项的值等于 x，则说明查找到元素，查找结束；

若 x 小于中间项的值，则在线性表的前半部分（即中间项以前的部分）以相同的方法进行查找；

若 x 大于中间项的值，则在线性表的后半部分（即中间项以后的部分）以相同的方法进行查找。

这个过程一直进行到查找成功或子表长度为 0（说明线性表中没有这个元素）为止。

3. 排序

排序是指将一个无序序列整理成按值非递减顺序排列的有序序列。

排序

16.2　程序设计基础

16.2.1　程序设计方法与风格

程序的质量主要受到程序设计的方法、技术和风格等因素的影响，"清晰第一、效率第二"是当今主导的程序设计风格，即首先要保证程序的清晰易读，其次再考虑提高程序的执行速度、节省系统资源。

程序设计方法与风格

16.2.2　结构化程序设计

结构化程序设计方法的重要原则是自顶向下、逐步求精、模块化及限制使用 goto 语句。

使用"顺序结构""选择结构"和"循环结构"3 种基本结构就足以表达各种其他形式结构的程序设计方法。它们的共同特征是严格地只有一个入口

结构化程序设计

和一个出口。

遵循结构化程序设计的原则，按结构化程序设计方法设计出的程序具有明显的优点：

- 程序易于理解、使用和维护；
- 提高了编程工作的效率，降低了软件开发的成本。

16.2.3 面向对象程序设计

面向对象程序设计

1. 类和实例

类是具有共同属性、共同方法的对象的集合，是关于对象的抽象描述，反映属于该对象类型的所有对象的性质。一个具体对象则是其对应类的一个实例。

例如，"字符串"是一个字符串类，它描述了所有字符串的性质。因此，任何字符串都是字符串类的一个对象，而一个具体的字符串"abc"是字符串类的一个实例。

与对象性质的描述类似，它同对象一样，包括一组数据性质和在数据上的一组合法操作。

2. 对象

面向对象方法中的对象由两部分组成：

① 属性，即对象所包含的信息，表示对象的状态；

② 方法，即对象所能执行的功能、所能具有的行为。

3. 继承

在面向对象的程序设计中，类与类之间也可以继承，一个子类可以直接继承其父类的全部描述（属性和方法），这些属性与方法在子类中不必定义。此外，子类还可以定义自己的属性和方法。

16.3 软件工程基础

16.3.1 软件工程的基本概念

软件定义与特点

1. 软件定义与特点

计算机软件是由程序、数据及相关文档构成的完整集合，它与计算机硬件一起组成计算机系统。其中，程序和数据是计算机可执行的，文档是计算机不可执行的。

2. 软件的分类

计算机软件按功能分为应用软件、系统软件。

3. 软件工程

软件工程是试图用工程、科学和数学的原理与方法，研制、维护计算机软件的有关技术及管理方法，是应用于

软件的分类

软件工程

计算机软件的定义、开发和维护的一整套方法、工具、文档、实践标准和工序。

软件工程包括 3 个要素：方法、工具和过程。

4. 软件过程

软件过程是把输入转化为输出的一组彼此相关的资源和活动。

软件过程是为了获得高质量软件所需要完成的一系列任务的框架，它规定了完成各项任务的工作步骤。

软件过程所进行的基本活动主要有软件规格说明、软件开发或软件设计与实践、软件确认、软件演进。

软件过程

5. 软件生命周期

软件开发应遵循一个软件的生命周期。通常把软件产品从提出、实现、使用、维护到停止使用、退役的过程称为"软件生命周期"。软件生命周期分为 3 个时期，共 8 个阶段，如图 16-1 所示。

软件生命周期

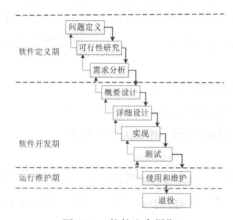

图 16-1　软件生命周期

16.3.2　需求分析及其方法

1. 需求分析

需求分析的任务是发现需求、求精、建模和定义需求。

2. 结构化分析方法的常用工具

需求分析的结构化分析方法中的常用工具是数据流图（Data Flow Diagram，DFD）。

需求分析

结构化分析方法

16.3.3　软件设计及其方法

1. 软件设计的基本概念

软件设计是开发阶段最重要的步骤。从工程管理的角度来看，软件设计可分为两步：概要设计和详细设计。从技术观点来看，软件设计包括软件结构设计、数据设计、接口设计、过程设计 4 个步骤。

2. 概要设计

概要设计又称"总体设计"，软件概要设计的基本任务如下所述。

① 设计软件系统结构。

② 设计数据结构及数据库。

软件设计的基本概念

概要设计

③ 编写概要设计文档。概要设计阶段的文档有概要设计说明书、数据库设计说明书和集成测试计划等。

④ 评审概要设计文档。

3. 详细设计

详细设计的任务是为软件结构图中的每一个模块确定实现算法和局部数据结构，用某种选定的表达工具表示算法和数据结构的细节。

常用的设计工具有程序流程图（PDF）、N-S 图、PAD 图、HIPO 图、判定表、PDL。

详细设计

16.3.4　软件测试

1. 软件测试的目的和准则

软件测试就是在软件投入运行之前，尽可能多地发现软件中的错误。软件测试是提高软件质量、可靠性的关键步骤。它是对软件规格说明、设计和编码的最后复审。软件测试的目的是发现软件中的错误。

软件测试的目的和准则

2. 软件测试方法

软件测试具有多种方法，根据软件是否需要被执行，可以分为静态测试和动态测试。如果按照功能划分，可以分为白盒测试和黑盒测试。

3. 软件测试的实施

软件测试的实施过程主要有 4 个步骤：单元测试、集成测试、确认测试（验收测试）和系统测试。

软件测试方法

测试实施

16.4　数据库设计基础

16.4.1　数据库系统的基本概念

1. 数据库、数据库管理系统与数据库系统

（1）数据。描述事物的符号记录称为"数据"。数据库系统中的数据有长期持久的作用，它们被称为"持久性数据"；而把一般存放在计算机内存中的数据称为"临时性数据"。

数据库系统的基本概念

（2）数据库。数据库（Database，DB）是指长期存储在计算机内的、有组织的、可共享的数据集合。

（3）数据库管理系统。数据库管理系统（Database Management System，DBMS）是数据库的机构，它是一个系统软件，负责数据库中的数据组织、数据操纵、数据维护、数据控制、保护和数据服务等。

（4）数据库管理员。由于数据库的共享性，数据库的规划、设计、维护、监视等需要有专人管理，称他们为"数据库管理员"。其主要工作是设计数据库、维护数据库、改善系统性能、提高系统效率。

（5）数据库系统。数据库、数据库管理系统、数据库管理员、硬件平台、软件平台构成了一个以数据库管理系统为核心的完整的运行实体，称为"数据库系统"。

2. 数据管理技术的发展

数据管理技术的发展经历了 3 个阶段：人工管理阶段、文件系统阶段和数据库系统阶段。

数据管理技术的发展

16.4.2 E-R 模型

1. E-R 模型的基本概念

E-R 模型采用了 3 个基本概念：实体、属性和联系。

① 实体。指客观存在并且可以相互区别的事物。实体可以是一个实际的事物，如一本书、一间教室等；实体也可以是一个抽象的事件，如一场演出、一场比赛等。

② 属性。描述实体的特性称为"属性"。例如，一个学生可以用学号、姓名、出生年月等来描述。

③ 联系。实体之间的对应关系称为"联系"，它反映现实世界事物之间的相互关联。

E-R 模型的基本概念

2. E-R 图

E-R 模型可以用图形来表示，称为"E-R 图"。分别用下面几种不同的几何图形来表示 E-R 模型中的 3 个概念和 2 个连接关系。

① 实体集表示法。在 E-R 图中用矩形表示，在矩形内写上该实体集的名字，如实体集学生（student）、课程（course）。

E-R 图

② 属性表示法。在 E-R 图中用椭圆形表示属性，在椭圆形内写上该属性的名称，如学生有学号、姓名及年龄等属性。

③ 联系表示法。用菱形表示联系，在菱形内写上联系名。

16.4.3 关系代数

关系代数就是关系与关系之间的运算。在关系代数中，进行运算的对象都是关系，运算的结果也是关系（即表）。

关系代数

1. 差运算

关系 R 和关系 S 经过差运算后得到的关系由属于关系 R 但不属于关系 S 的元组构成，记为"R-S"。

2. 交运算

假设有 n 元关系 R 和 n 元关系 S，它们的交仍然是一个 n 元关系，它由属于关系 R 且属于关系 S 的元组构成，记为"R∩S"。

3．并运算

关系 R 与 S 经并运算后所得到的关系由属于 R 或属于 S 的元组构成，记为"R∪S"。

4．笛卡儿积运算

设有 n 元关系 R 和 m 元关系 S，它们分别有 p 和 q 个元组，则 R 与 S 的笛卡儿积记为"R×S"。它是一个 m+n 元关系，元组个数是 p×q。

5．投影运算

从关系模式中指定若干个属性组成新的关系称为"投影"。

6．选择运算

从关系中找出满足给定条件的元组的操作称为"选择"。选择的条件以逻辑表达式给出，使得逻辑表达式为真的元组将被选取。

7．除运算

除运算可以近似看作笛卡儿积的逆运算。

8．连接运算

连接运算是对两个关系进行的运算，其意义是从两个关系的笛卡儿积中选择满足给定条件的元组。

16.4.4　数据库设计

数据库设计

数据库设计的 4 个阶段：需求分析、概念设计、逻辑设计和物理设计。

字符与标准 ASCII 代码对照表

ASCII 值	字符	控制字符	ASCII 值	字符	ASCII 值	字符	ASCII 值	字符
000	（null）	NUL	032	(space)	064	@	096	`
001	☺	SOH	033	!	065	A	097	a
002	☻	STX	034	"	066	B	098	b
003	♥	ETX	035	#	067	C	099	c
004	♦	EOT	036	$	068	D	100	d
005	♣	END	037	%	069	E	101	e
006	♠	ACK	038	&	070	F	102	f
007	（beep）	BEL	039	'	071	G	103	g
008	▫	BS	040	(	072	H	104	h
009	（tab）	HT	041	)	073	I	105	i
010	（line feed）	LF	042	*	074	J	106	j
011	（home）	VT	043	+	075	K	107	k
012	（form feed）	FF	044	,	076	L	108	l
013	（carriage return）	CR	045	–	077	M	109	m
014	♫	SO	046	.	078	N	110	n
015	☼	SI	047	/	079	O	111	o
016	►	DLE	048	0	080	P	112	p
017	◄	DC1	049	1	081	Q	113	q
018	↕	DC2	050	2	082	R	114	r
019	‼	DC3	051	3	083	S	115	s
020	¶	DC4	052	4	084	T	116	t
021	§	NAK	053	5	085	U	117	u
022	▬	SYN	054	6	086	V	118	v
023	↨	ETB	055	7	087	W	119	w
024	↑	CAN	056	8	088	X	120	x
025	↓	EM	057	9	089	Y	121	y
026	→	SUB	058	:	090	Z	122	z
027	←	ESC	059	;	091	[	123	{
028	∟	FS	060	<	092	\	124	|
029	♦	GS	061	=	093	]	125	}
030	▲	RS	062	>	094	^	126	~
031	▼	US	063	?	095	_	127	⌂

附录 **B**
运算符和结合性

优先级	运算符	含义	要求运算对象的个数	结合方法
1	（ ）	圆括号		自左至右
	[ ]	下标运算标		
	->	指向结构体成员运算符		
	.	结构体成员运算符		
2	!	逻辑非运算符	1（单目运算符）	自右至左
	~	按位取反运算符		
	++	自增运算符		
	--	自减运算符		
	-	负号运算符		
	（类型）	类型转换运算符		
	*	指针运算符		
	&	取地址运算符		
	sizeof	长度运算符		
3	*	乘法运算符	2（双目运算符）	自左至右
	/	除法运算符		
	%	求余运算符		
4	+	加法运算符	2（双目运算符）	自左至右
	-	减法运算符		
5	<<	左移运算符	2（双目运算符）	自左至右
	>>	右移运算符		
6	<、<=、>、>=	关系运算符	2（双目运算符）	自左至右

续表

优先级	运算符	含义	要求运算 对象的个数	结合方法
7	==	等于运算符	2 （双目运算符）	自左至右
	!=	不等于运算符		
8	&	按位与运算符	2 （双目运算符）	自左至右
9	^	按位异或运算符	2 （双目运算符）	自左至右
10	|	按位或运算符	2 （双目运算符）	自左至右
11	&&	逻辑与运算符	2 （双目运算符）	自左至右
12	||	逻辑运算符	2 （双目运算符）	自左至右
13	?　:	条件运算符	3 （三目运算符）	自右至左
14	=、+=、-=、*=、/=、%=、>>=、 <<=、&=、^=、|=	赋值运算符	2 （双目运算符）	自右至左
15	,	逗号运算符 （顺序求职运算符）		自左至右

说明：

（1）同一优先级的运算符优先级别相同，运算次序由结合方向决定。例如，*与／具有相同的优先级别，其结合方向为自左至右，因此，3 * 5 / 4 的运算次序是先乘后除。-和++为同一优先级，结合方向为自右至左，因此-i++相当于-（i++）。

（2）不同的运算符要求有不同的运算对象个数，如+（加）和-（减）为双目运算符，要求在运算符两侧各有一个运算对象（如 3+5、8-3 等）。而++和-（负号）运算符是一元运算符，只能在运算符的一侧出现一个运算对象（如-a、i++、--i、（float）i、sizeof（int）、*p 等）。条件运算符是 C 语言中唯一的一个三目运算符，如 x ? a :b。

（3）从上述表中可以大致归纳出各类运算符的优先级：

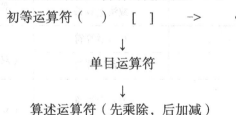

↓

关系运算符

↓

逻辑运算符（不包括!）

↓

条件运算符

↓

赋值运算符

↓

逗号运算符

以上的优先级别由上到下递减。初等运算符优先级最高，逗号运算符优先级最低。位运算符的优先级比较分散（有的在算术运算符之前（如~），有的在关系运算符之前（如<<和>>），有的在关系运算符之后（如&、^、¦））。为了容易记忆，使用位运算符时可加圆弧号。

附录 C

Visual C++ 2010 Express 基本操作

Visual C++ 2010 Express 的安装比较简单，使用本书配套资料中提供的安装文件，单击"Next"直到安装完成。当安装成功之后，就可以开始使用了。读者可以直接用默认的配置，不过为了方便使用，下面介绍一些常见的配置。

C.1 常见配置

通过"开始"菜单启动 Visual C++ 2010 Express。

C.1.1 添加行号

单击菜单栏"工具"，在下拉列表中选择"选项"，选择"文本编辑器-所有语言"，把行号打成勾，如图 C-1 所示。

图 C-1　添加行号

C.1.2 添加生成工具栏

单击工具栏的空白区域，选择"生成"就可以把生成工具栏调出来，如图 C-2 所示。

生成工具栏添加成功后，会在工具栏中增加如图 C-3 所示工具集合。

图 C-2　添加生成工具栏

图 C-3　生成工具栏效果图

提示　　　这里的"生成"只会编译当前所选项目，"生成解决方案"会将解决方案下的所有项目全部编译。

C.1.3　添加开始执行（不调试）按钮

程序编译后需要执行，下面把"开始执行（不调试）"添加进来。选择生成工具栏旁边的小三角形"添加或移除按钮"。

如图 C-4 所示，单击"自定义"，然后单击"命令"选项卡，选择"工具栏"，右侧选择"生成"，如图 C-5 所示。

图 C-4　配置完成

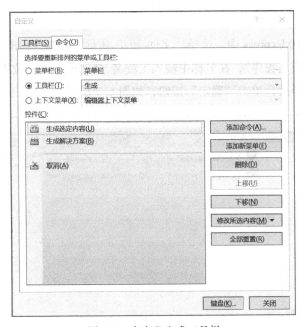

图 C-5　自定义生成工具栏

单击"添加命令"，左侧类别选择"调试"，右侧选择"开始执行（不调试）"，如图 C-6 所示。

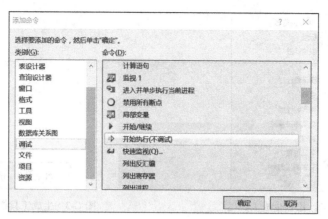

图 C-6　添加开始执行命令

注意

如果把调式（实心三角形）当成了运行（不调试，空心带尾巴的三角形），程序闪一下就没了。

除了配置 Visual C++ 2010 Express 之外，还可以使用快捷键。

- Ctrl+F7：生成。
- Ctrl+F5：开始执行（不调试）。

C.2　创建工程

在 Visual C++ 2010 Express 中，选择"文件-新建-项目"菜单，弹出"新建项目"对话框，选择"Win32 控制台应用程序"，在名称中输入工程名"hello"，在"位置"中选择工程要存放的文件位置，输入完毕后，单击"确定"按钮，如图 C-7 所示。

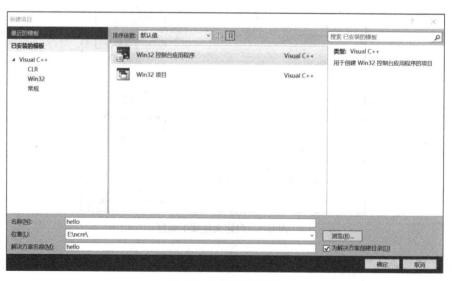

图 C-7　新建项目界面

在"Win32 应用程序向导"，的第一个界面中直接单击"下一步"按钮后，在图 C-8 所示的"附加选项"中选择"空项目"，单击"完成"按钮。空的项目创建完成，如图 C-9 所示。

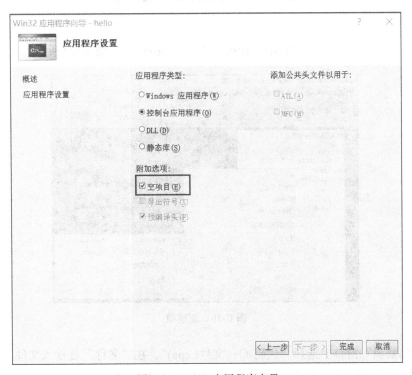

图 C-8　Win32 应用程序向导

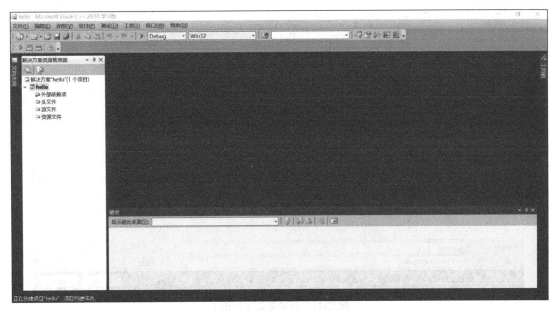

图 C-9　新项目 hello 创建完成

可以看到解决方案"hello"，显示项目名称为"hello"，接下来为项目添加源文件 hello.c。

C.3　添加源程序

右键单击项目名，在弹出的菜单中选择"添加-新建项"，如图 C-10 所示。

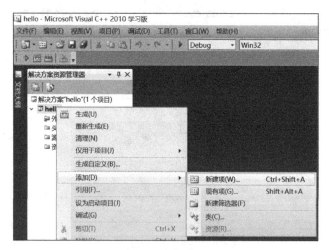

图 C-10　新建项

在"添加新项"窗口中选择"代码-C++文件(.cpp)"，在"名称"处输入文件名"hello.c"，".cpp"是 C++语言源文件扩展名，这里改成.c 文件，如图 C-11 所示。

图 C-11　添加源文件 hello.c

单击"添加"按钮后，返回到工程主界面，如图 C-12 所示。此时可以看到，编辑窗口中有光标在闪烁，在窗口的左侧可以看到工程 hello 的源文件 hello.c。

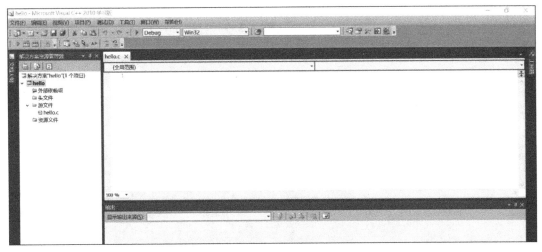

图 C-12　项目 hello 中的源文件 hello.c

C.4　编写 hello.c 编译并执行

输入如下代码。

```c
#include <stdio.h>
void main()
{
    printf("Hello World!\n");
}
```

编写完程序后，单击"生成"按钮，程序开始编译，编译后需要注意输出框中的信息，如图 C-13 所示。

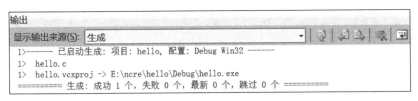

图 C-13　hello.c 编译后的信息

如果编译失败会有错误提示，可以根据错误提示修改代码。最后，单击"开始执行（不调试）"，运行程序，弹出控制台信息。